Clean Fashion

Angelika Adamcyk

Clean Fashion

Water Footprint von Textilien

PL ACADEMIC RESEARCH

Bibliografische Information der Deutschen Nationalbibliothek
Die Deutsche Nationalbibliothek verzeichnet diese Publikation in der Deutschen Nationalbibliografie; detaillierte bibliografische Daten sind im Internet über http://dnb.d-nb.de abrufbar.

Coverabbildung:
„Textile Water Footprint", Gestaltung: Mag. Viktoria Huber

Die Drucklegung dieser Arbeit wurde empfohlen von Herrn o.Univ.Prof.Mag.Dr. Walter Schiebel, Institut für Marketing und Innovation, Universität für Bodenkultur Wien.

ISBN 978-3-631-66009-6 (Print)
E-ISBN 978-3-653-05186-5 (E-Book)
DOI 10.3726/ 978-3-653-05186-5

PL Academic Research ist ein Imprint der Peter Lang GmbH.

Peter Lang – Frankfurt am Main · Bern · Bruxelles · New York · Oxford · Warszawa · Wien

Diese Publikation wurde begutachtet.

www.peterlang.com

Inhaltsverzeichnis

1. Einleitung

Wasser ist eine lebenswichtige, nicht ersetzbare Ressource. Nur 2,5 % der Wasserressourcen auf der Erde sind nutzbares Süßwasser, das sehr ungleich verteilt ist. Während einige Orte über ausreichende Wasserressourcen verfügen, herrscht anderswo Wassermangel (Finkbeiner und Berger, 2010, s.p.).

Der Mensch benötigt Wasser zur Erfüllung der alltäglichen Grundbedürfnisse, wie zum Trinken, Kochen und Waschen. Die hierbei verwendeten Mengen steigen zivilisationsabhängig exponentiell an (Hoekstra et al., 2011, 1f). Wasserreiche Länder (z.B. Österreich) verfügen über bedeutende Süßwasserressourcen, während viele Entwicklungs- und Schwellenländer zu den wasserarmen Ländern zählen. Diese müssen mit sehr geringen Mengen und hygienisch bedenklichem Wasser auskommen (Hahn, 2006, 199f). Wassermangel führt in den betroffenen Ländern zu Problemen wie Unterernährung durch Bewässerungsprobleme in der Landwirtschaft und Infektionskrankheiten als Folge von minderwertigem Trinkwasser. Die Umwelt leidet unter der Schädigung der Ökosysteme und dem daraus resultierenden Rückgang der Artenvielfalt (Finkbeiner und Berger, 2010, s.p.).

Wasserreiche Regionen haben vorwiegend Probleme mit der Wasserqualität. Durch den Wasserverbrauch und die daraus resultierende Kontaminierung mit Schadstoffen wird die Qualität der Grund- und Oberflächengewässer in zunehmendem Maße verschlechtert. Selbst in europäischen Ländern ist das immer minderwertigere Trinkwasser aus Uferfiltrat ein Zeichen für die zunehmenden Probleme bei der Wasserversorgung. Da Nitrat- und Pestizideinträge aus der Landwirtschaft das Grundwasser belasten, ist die Qualität des (Trink)wassers wesentlich beeinträchtigt (Gawel, 2012).

Je nach Vorkommen der Wasserressourcen unterscheidet sich auch der tägliche Verbrauch der Menschen. Der durchschnittliche Wasserverbrauch eines Subsahara Afrikaners liegt bei 5 l/Tag, der eines Inders bei 25 l/Tag, während ein Österreicher etwa 135 l/Tag und ein US-Amerikaner 382 l/Tag verbraucht (Katzmann, 2007, 103; Lebensministerium, 2012a). In Österreich werden rund 34 % des Wassers für Duschen und Baden verwendet, 22 % für die Toilettenspülung, aber nur 3 % für Grundbedürfnisse (Trinken und Kochen) (Lebensministerium, 2012b). Insgesamt wächst der Wasserbedarf im Vergleich zur Weltbevölkerung doppelt so schnell, weshalb ein nachhaltiges Management der Wasserressourcen unbedingt erforderlich ist (Finkbeiner und Berger, 2010, s.p.).

Ein deutlich höherer Verbrauch von Wasserressourcen fällt jedoch für die Produktion von Konsumgütern wie Nahrungsmitteln oder Textilien an. Deren Herstellungsprozesse beeinflussen die Menge an verbrauchtem und verschmutztem Wasser wesentlich, die für ein Produkt aufgewendet werden müssen (Hoekstra et al., 2011, 1f).

Für die kommenden Jahre wird eine steigende Nachfrage nach Textilien infolge des zunehmenden Bevölkerungswachstums prognostiziert. Zusätzliche Ursachen sind einerseits konjunkturelle Entwicklungen und steigende Einkommen, andererseits Faktoren wie neue Produktanwendungen und der Zeitgeist der immer kürzer werdenden Modezyklen.

Die Nutzung der Wasserressourcen zur Herstellung von Konsumgütern, wie Textilien, konkurriert also mit der Befriedigung von Grundbedürfnissen, wie der Versorgung mit Trinkwasser und Nahrungsmitteln, was vor allem ein Versorgungsproblem in Dritte Welt Ländern darstellt. Dies verlangt einen effizienteren und bedachten Umgang mit den vorhandenen Ressourcen (Engelhardt, 2012, 109).

Aus dieser Problematik heraus hat sich die Wissenschaft in den letzten Jahren immer mehr mit dem Wassermanagement entlang der Produktionskette beschäftigt und nach geeigneten Messinstrumenten für den Verbrauch und die Beeinträchtigung der Wasserressourcen gesucht. Mit dem sogenannten Water Footprint (dt. Wasserfußabdruck) ist ein Indikator für die Messung des bei der Produktion von Gütern entstandenen Wasserverbrauchs entwickelt worden (Hoekstra et al., 2011, 1f).

1.1 Problemstellung

Die Wertschöpfungskette der Textilindustrie ist durch eine hohe Arbeitsteilung gekennzeichnet und erstreckt sich über den gesamten Globus. Vor allem Baumwolle ist wegen der großen ökologischen und sozialen Defizite bei der Herstellung mit einem negativen Image behaftet. Die Gründe sind der hohe Wasserverbrauch beim konventionellen Anbau, der massive Einsatz von Chemikalien und die Ausbeutung von Arbeitskräften in sogenannten Billiglohnländern (Paulitsch et al., 2004, 5). Dagegen setzen Ökotextilien auf eine umweltfreundliche und sozial gerechte Herstellung sowie eine transparente Wertschöpfungskette. In Bezug auf die Zertifizierung hat dieser Sektor eine Vorreiterrolle mit Gütesiegeln wie Fairtrade oder GOTS (Global Organic Textile Standard). Die textile Produktionskette ist transparent und unterliegt ständigen Kontrollen. Auch der biologische Baumwollanbau erfolgt unter ökologischen und umweltschonenden Bedingungen (EZA, 2012).

Aufgrund des hohen Wasserverbrauchs bei der Herstellung von Baumwolltextilien stellt sich allerdings die Frage, ob fair und ökologisch produzierte Mode auch als wasserfreundlich beurteilt werden kann. Aus diesem Grund wurde in der vorliegenden Studie ein Produktbeispiel aus der Ökobranche einer Water Footprint Berechnung unterzogen.

1.2 Aufbau und Zielstellung

Zielsetzung dieser Arbeit ist es, das Konzept des Water Footprints anhand der Berechnung eines Baumwollprodukts aus der Ökotextilbranche zu erklären und zu beurteilen, ob die sonst vorbildliche Herstellung auch aus der Sicht des Wasserverbrauchs als nachhaltig bezeichnet werden kann. Anhand der Ergebnisse sollen zudem Verbesserungen vorgeschlagen, eventuelle Schwachstellen der Methodik diagnostiziert und schließlich die Praxistauglichkeit des Water Footprints abgeleitet werden.

Teil A behandelt die einzelnen Prozessstufen der textilen Produktionskette, deren genaue Kenntnis Vorraussetzung für die Berechnung des Water Footprints im empirischen Teil ist. Da ein zertifiziertes Produktbeispiel gewählt wurde, werden in Kapitel 4 die gängigsten sozialen und ökologischen Textilsiegel im Überblick vorgestellt.

Anschließend werden Instrumente zur Messung von unterschiedlichen Umweltwirkungen vorgestellt. Während der Ecological Footprint (dt. ökologischer Fußabdruck) und der Carbon Footprint (dt. CO_2-Fußabdruck) sich auf die Faktoren Fläche bzw. Energie beziehen, beschäftigen sich das Modell des „virtuellen Wassers“ und der Water Footprint mit Wasserknappheit, -beziehungen und -abhängigkeiten.

In Teil B wird die Berechnung des Water Footprints nach Hoekstra et al. (2011) für das Produktbeispiel aus der Ökobranche durchgeführt. Dieses stammt von dem österreichischen Modelabel „Göttin des Glücks“ (GDG), das seine Produkte bei der Handelsorganisation Entwicklungszusammenarbeit (EZA) Fairer Handel in Auftrag gibt.

Nach einer Einführung in die Methodik des Water Footprints erfolgt die Beschreibung der textilen Produktionskette von EZA Baumwollprodukten und der betreffenden Produktionsstandorte in Indien und auf Mauritius. Diese Informationen sind für den anschließenden Rechengang erforderlich. Ermittelt werden der blaue, der grüne und der graue Water Footprint für die landwirtschaftlichen und industriellen Arbeitsprozesse. Aus diesen Komponenten wird der gesamte Water Footprint des Produktbeispiels gebildet. Zweck dieser Berechnung ist, die

Nachhaltigkeit in Bezug auf die Verwendung der Wasserressourcen beim Herstellungsprozess zu erforschen.

In der darauffolgenden Diskussion werden Ergebnisse und Methode kritisch erörtert und die Brauchbarkeit des Instruments „Water Footprint" analysiert. Schließlich werden Überlegungen angestellt, welchen Nutzen die Gesellschaft aus diesen Erkenntnissen ziehen könnte und ob die Kennzeichnung von Textilien mit einem Water Footprint Label sinnvoll wäre.

1.3 Forschungsfragen

Im Rahmen dieser Arbeit werden folgende Forschungsfragen behandelt, die durch die Ergebnisse des Fallbeispiels beantwortet werden sollen:

- Welche Faktoren haben den größten Einfluss auf den Water Footprint?
- Welche Arten von Wasserressourcen werden bei der Herstellung von Textilien am stärksten beansprucht?
- Ist der Water Footprint des Produktbeispiels nachhaltig?
- Welche Möglichkeiten zur Verbesserung des Water Footprints gibt es und welche Schwachstellen sollten korrigiert werden?
- Welche Alternativen zu Baumwolle gibt es bei der Herstellung von Textilien?
- Wie ist die Praxistauglichkeit des Water Footprints einzuschätzen?
- Auf welche Art und Weise kann der Wasserverbrauch von Textilien im Handel gekennzeichnet werden? Ist eine alleinige Kennzeichnung dieser als Maßnahme ausreichend?

1.4 Methodik

Für den theoretischen Teil der Arbeit wurde deutsch- und englischsprachige Literatur herangezogen. Neben aktuellen Werken wurde auch Informationsmaterial aus Fachzeitschriften sowie Internetbeiträge verwendet.

Bei der Berechnung des Water Footprints wurde nach der Methodik von Hoekstra et al. (2011) vorgegangen. Die hierbei verwendeten Daten stammen aus Datenbanken und diversen Studien, wobei für den Wasserverbrauch des Baumwollanbaus vorwiegend die Datenbank CLIMWAT 2.0 for CROPWAT 8.0 und für die genaue Berechnung das Computerprogramm CROPWAT 8.0 der FAO herangezogen wurden.

A. Theoretischer Teil

„Auch Quellen und Brunnen versiegen, wenn man zu oft und zu viel aus ihnen schöpft“, Demosthenes

Das folgende Kapitel gibt eine Übersicht über die gängigsten Faserarten in der Textilbranche. Eine gute Kenntnis dieser und ihrer Trageeigenschaften sind die Basis für das daran schließende Kapitel der textilen Produktionskette.

2. Textile Faserarten

Bei den textilen Faserarten unterscheidet man nach der Herkunft der verwendeten Fasern zwischen Natur- und Chemiefasern. Die unterschiedlichen Eigenschaften der Fasern und der Tragekomfort werden bei den Konsumenten sehr geschätzt (Weber und Parusel, 1998, 18). Durch die Kombination von Faserarten wird versucht, die positiven Eigenschaften hervorzuheben und den Tragekomfort zu steigern. Diese Faktoren entscheiden über die Akzeptanz eines Textilprodukts am Markt.

Bei der Gewinnung dieser Fasern bestehen in Bezug auf den Wasserverbrauch große Unterschiede. Naturfasern benötigen bereits im Rahmen der Kultivierung bedeutende Mengen an Wasser, die je nach Anbauland, Anbaubedingungen und den klimatischen Verhältnissen variieren können. Auch zellulosische Fasern benötigen Wasserressourcen. Lediglich synthetische Fasern verbrauchen erst im Rahmen der weiteren Herstellung Wasser, nicht aber bei der Rohstoffgewinnung (Engelhardt, 2012, 21f).

2.1 Naturfasern

Bei Naturfasern unterscheidet man zwischen pflanzlichen oder tierischen Fasern. Je nach ihrer Herkunft sind ihre Eigenschaften sehr unterschiedlich. Mit Ausnahme der Baumwolle haben sie seit Erfindung der Chemiefasern zunehmend an Bedeutung verloren und besetzen heutzutage nur noch Nischensegmente (Engelhardt, 2012, 11f). In den letzten Jahren sind wieder vermehrt Naturfaserprodukte erhältlich, die allerdings vorwiegend unter fairen und ökologischen Bedingungen hergestellt werden. Sie stellen eine nachhaltige Alternative dar, da Ressourcen geschont werden und auf den Einsatz von Chemikalien und Pestiziden verzichtet wird (Piegsa, 2010, 4ff).

2.1.1 Pflanzliche Naturfasern

Baumwolle

Baumwolle nimmt unter den Naturfasern eine dominante Stellung ein, da sie rund ein Drittel des Markts bedient (Engelhardt, 2012, 11). Sie ist heutzutage die am häufigsten verwendete Faser in der Textilindustrie. Aufgrund ihrer Faseroberfläche ist sie weich und hautfreundlich. Ihre Luftdurchlässigkeit, große Reiß- und Scheuerfestigkeit sowie eine gute Feuchtigkeitsaufnahme sind weitere Eigenschaften weswegen sie als Material bei der Textilproduktion besonders beliebt ist. Auf der negativen Seite stehen beim Gebrauch die Verrottung unter Licht und Feuchtigkeit, sowie das Einlaufen beim Waschen (Weber und Parusel, 1998, 18f).

Die Qualität der Baumwolle wird anhand ihrer Faserlänge bemessen, wobei diese mit zunehmender Faserlänge steigt. Die Pflanze bedarf bestimmter Standortfaktoren – insbesondere einer intensiven Bewässerung – welche nicht in allen Regionen gegeben sind. Vor allem in den ärmsten Ländern der Welt hat der Baumwollanbau eine enorme wirtschaftliche Bedeutung. Die Hauptanbaugebiete liegen überwiegend in Asien, wie China, Indien und Pakistan, aber auch in den USA und Brasilien. Diese fünf Länder produzieren weltweit rund 80 % der Baumwolle, wobei die beiden größten Produzenten Indien und China sind.

Aufgrund der negativen ökologischen Konsequenzen, die der Baumwollanbau mit sich bringt, wird vermehrt auf biologische Baumwolle gesetzt. Indien nimmt eine dominierende Marktposition ein, rund 80 % des weltweiten Anteils werden dort produziert (Engelhardt, 2012, 32ff).

Leinen

Leinen, die älteste Textilfaser, wurde erst gegen Ende des 19. Jahrhunderts von der Baumwolle verdrängt. Heutzutage werden nur noch wenige Textilien aus Leinen hergestellt. Gewonnen werden die Fasern aus dem Stängel einer Flachspflanze, dem *Linum usitatissimum*. Aufgrund ihrer angenehmen Trageeigenschaften ist Sommerkleidung aus Leinen besonders beliebt (Rosenkranz und Castello, 1993, 33ff). Die Textilien sind schmutzunempfindlich, atmungsaktiv, kühlend und langlebig (Knieli et al., s.a., 8). Da dieser Rohstoff kostspielig ist, wird versucht, die charakteristischen Eigenschaften von Leinen mittels Chemiefasern zu imitieren (Rosenkranz und Castello, 1993, 33ff).

Im Unterschied zur Baumwolle werden bei der Flachskultur nur geringfügige Mengen an Dünger, Chemikalien und Pestiziden eingesetzt. Die Produktion ist sehr arbeitsintensiv und zeitaufwändig; die Kultivierung erfolgt hauptsächlich in Westeuropa. Textilien aus biologischen Leinen zeichnen sich durch eine besonders hohe Qualität aus. Herausforderungen beim Anbau sind die Unkrautbekämpfung und die eingeschränkte Auswahl der Sorten. Die sogenannte Taurotte stellt ein erhebliches Problem dar, da es zu hohen Qualitätseinbußen und Ernteausfällen kommen kann (Bundesministerium für Verkehr, Innovation und Technologie, 2002).

Hanf

Hanf zählt zu den ältesten Pflanzen der Welt und wird seit Jahrtausenden von der Menschheit zu unterschiedlichen Zwecken verwendet. Besonders die textilen Eigenschaften sind beliebt. In vielerlei Hinsicht sind diese sogar besser als bei der Baumwolle (Engelhardt, 2012, 12), denn Textilien aus Hanffasern haben eine kühlende Wirkung und sind besonders robust und strapazierfähig (Knieli et al., s.a., 8).

Durch Chemiefasern und Cannabis-Prohibitionen wurde diese Naturfaser seit der Mitte des letzten Jahrhunderts zunehmend vom Markt verdrängt. Seit 1961 gilt ein weltweites Verbot für den Anbau von Cannabis, was auch den Niedergang der Faser in der Textilwirtschaft zur Folge hatte. Da die Hanfpflanze vorwiegend mit ihrer berauschenden Wirkung in Verbindung gebracht wurde, verschwanden im Laufe der Jahre die hervorragenden textilen Eigenschaften aus dem Bewusstsein der Menschen. Erst in den 1990er Jahren wurde eine Wieder-Markteinführung überlegt. Heutzutage ist der Anbau von sogenanntem Nutzhanf mit niedrigen THC-Werten (Tetrahydrocannabinol) in Europa, Kanada und Australien wieder erlaubt. Unter THC versteht man den Hauptwirkstoff der Hanfpflanze, der für die beim Konsum betäubende Wirkung verantwortlich ist. In Deutschland unterliegen die Werte für kultivierte Pflanzen den Bestimmungen des Betäubungsmittelgesetzes und dürfen bestimmte Grenzwerte nicht überschreiten (Engelhardt, 2012, 12ff).

Der Hanfanbau bringt mehrere Vorteile mit sich. Durch das rasche Wachstum der Pflanzen erbringt Hanf sehr hohe Erträge. Da es sich um eine heimische Pflanze handelt, gedeiht diese auch in Europa (Knieli et al., s.a., 15). Es werden keine Unkrautbekämpfungs- und Pflanzenschutzmittel benötigt, da sich Hanf sehr rasch gegen das Unkraut durchsetzt und äußerst resistent gegen Schädlinge ist. Die Hanfpflanzen dringen mit ihren langen Wurzeln tief in den Boden ein. Auf diese Weise gelangen sie nicht nur zu Nährstoffen, sondern lockern auch die Böden. Das kann für den späteren Anbau von anspruchsvolleren Pflanzen von Vorteil sein. Generell ist die Hanfpflanze äußerst anspruchslos und gedeiht auch an unattraktiven Standorten (Hempage, s.a.). Die Umstellung auf eine biologische Kultur ist aus diesen Gründen ebenfalls einfach umzusetzen (Cherrett et al., 2005, 5). Die Zertifizierung gestaltet sich allerdings aus diversen Gründen kompliziert. Große Nachteile der Hanffasern sind aufgrund der veralteten und teilweise vergessenen Technologien die unverhältnismäßig teure und schwierige Herstellung und der daraus resultierende Ladenpreis (Hempage, s.a.).

Trotz der kostspieligen Produktion wird Kleidung aus Hanf wegen der umweltfreundlichen Anbauweise und des hohen Tragekomforts ein hohes wirtschaftliches Potenzial vorhergesagt. Im Vergleich zur wasserintensiven Baumwolle oder synthetischen Fasern bildet die Hanffaser eine echte ökologische Alternative (Engelhardt, 2012, 12ff). Aktuell wird Hanf vorwiegend in China und Osteuropa kultiviert, da an diesen Orten die Arbeitskräfte zahlreiche Arbeitsschritte manuell erledigen. Die Mengen sind für den Weltmarkt allerdings kaum von Bedeutung. Die Bedeutung für den heimischen Markt kann nur durch gleichzeitig einhergehende technische Innovationen zunehmen, da diese durch das jahrzehntelange Kultivierungsverbot ausgeblieben sind (Cherrett et al., 2005, 6).

2.1.2 Tierische Naturfasern

Die bekanntesten tierischen Naturfasern sind Wolle und Seide, die im Anschluss beschrieben werden. Diese haben eine lange Tradition, wurden aber nach der Erfindung der Chemiefasern zunehmend vom Markt verdrängt. Wolle kann von unterschiedlichsten Tierrassen gewonnen werden. Sofern es sich bei diesen nicht um Schafe handelt, trägt die Faser zusätzlich den Tiernamen. Die größten Wollfaserlieferanten bleiben nach wie vor die Schafe (Engelhardt, 2012, 40f).

Wolle

Die Schafzucht wird seit der mittleren Steinzeit ca. 5 000 Jahre v. Chr. im Zuge der Domestikation betrieben, denn neben der Wollproduktion sind Schafe auch wichtige Lieferanten für Fleisch, Felle und Leder (Rosenkranz und Castello, 1993, 37ff).

Bei den Trageeigenschaften wird vor allem die feuchtigkeitsregulierende Eigenschaft der Wolle geschätzt, da sie bei Kälte wärmt und bei Hitze kühlt. Sie nimmt nur schwer Gerüche und Schmutz an und muss aus diesen Gründen nur selten gewaschen werden, was sich wiederum positiv auf die ökologische Verträglichkeit auswirkt (Engelhardt, 2012, 40f).

Bei der konventionellen Tierhaltung erfolgt die Aufzucht hauptsächlich in Großherden, weshalb Parasitenbefall häufig vorkommt. Zu deren Bekämpfung werden die Schafe zweimal jährlich einer Pestizidbehandlung mittels Tauchbad oder Dusche unterzogen. Zusätzlich werden Schutzmittel über die Nahrung verabreicht (Piegsa, 2010, 8f). Nach der Schafschur erfolgt die Wollwaschung. Das hierbei entstehende Abfallprodukt Lanolin (das sogenannte Wollwachs) ist ein begehrter Rohstoff in der Kosmetikindustrie. Durchschnittlich fallen in einer Wollkämmerei bei der Waschung der Wolle rund 35 m^3 Abwasser pro Stunde an, welches mit Wollfett, Schweißsalz, Sand, Erde und Pestizidrückständen verschmutzt ist. Ein Liter Abwasser ist durchschnittlich mit 0,2 mg Pestizidrückständen belastet. Um diese Rückstände aus dem Abwasser zu beseitigen sind spezielle, energieintensive Reinigungsverfahren notwendig (Rosenkranz und Castello, 1993, 38).

Bei der ökologischen Schafhaltung gelten strenge Richtlinien bezüglich Tierhaltung, Futterauswahl, Medikamenteneinsatz und Abwasserreinigung bei der

Wollwaschung. Die Haltung der Tiere ist nach den Richtlinien der ökologischen Landwirtschaft auszurichten, was bedeutet, dass den Tieren ein artgerechter Auslauf zu ermöglichen ist. Aus diesem Grund sind die Schafe widerstandsfähiger, was sich auch in einer besseren Wollqualität widerspiegelt. Der Einsatz von Pestiziden und Genmanipulation sind verboten. Durch die steigende Nachfrage nach ökologisch produzierter Wolle wird nach Futterzusätzen geforscht, die die klimaschädliche Methangasbildung bei Wiederkäuern verringern soll (Piegsa, 2010, 9).

Seide

Seide wird oft als die edelste aller Naturfasern bezeichnet. Die Herstellung oblag fast 2 000 Jahre lang den Chinesen, die die Seide über die sogenannte Seidenstraße nach Byzanz und Rom brachten (Rosenkranz und Castello, 1993, 46). Die angenehmen Trageeigenschaften sind auch heute noch bekannt, denn Kleidung aus Seide wärmt im Winter und kühlt im Sommer (Knieli et al., s.a., 10).

Seit der Erfindung der Chemiefaser spielt die Seide mengenmäßig kaum eine Rolle. China ist auch heute noch der weltweit größte Produzent, da sie durch die aufwendige Aufzucht der Seidenraupen und den damit verbundenen hohen Lohnkosten in den Industrieländern nicht mehr produziert wird. Aber auch für die chinesischen Kleinbauern wird die zeitintensive Seidenraupenzucht immer unattraktiver, da sich der Aufwand immer seltener rentiert.

Seide entsteht durch die Verpuppung des Seidenspinners (*Bombyx mori*), eines Nachtfalters. Um an den Seidenfaden zu kommen, darf der Kokon nicht durch das Schlüpfen des Schmetterlings zerstört werden. Nur für die Nachzucht bestimmte Schmetterlinge dürfen schlüpfen, der Rest wird durch trockene Hitze oder Wasserdampf abgetötet. Anschließend werden die Kokons in heißem Wasser aufgeweicht und gebürstet (Rosenkranz und Castello, 1993, 46ff). In der konventionellen Seidenproduktion kommt es zum Einsatz von Chemikalien. Zur Bekämpfung von Raupenparasiten greift man zu Pestiziden. Weiters werden Mittel für den Transportschutz der Seidenstoffe eingesetzt. Immer wieder werden Rückstände aus giftigen Spritzmitteln in den bereits fertigen Seidenstoffen nachgewiesen (Hingst und Mackwitz, 1996, 62f).

Mittlerweile sind auch biologisch produzierte Seidentextilien auf den Märkten erhältlich. Die Herstellung erfolgt nach ökologischen Grundsätzen. Die Raupen erhalten kein schadstoffbelastetes Futter, sondern qualitativ hochwertige Nahrung ohne schädliche Belastungen. Auf den Einsatz von Chemikalien und Pestiziden wird verzichtet (Alkena, 2012).

2.2 Chemiefasern

Die ersten Chemiefasern wurden in der zweiten Hälfte des 19. Jahrhunderts aus Holz gewonnen. Sie werden heute in zellulosische und synthetische Fasern unterteilt (Engelhardt, 2012, 11).

2.2.1 Zellulosische Chemiefasern

Unter zellulosischen Chemiefasern werden hauptsächlich Viskose und Lyocell verstanden. Europäische Betriebe verwenden zur Verarbeitung als Ausgangsstoff Buche, während in Asien Eukalyptus verarbeitet wird. Ein Vorteil ist, dass heimische Buchenhölzer keine Düngung oder Bewässerung benötigen. Die Ernte erfolgt maschinell. Beim Anpflanzen der Eukalyptusplantagen werden allerdings in geringem Maße Stickstoff und Phosphor eingesetzt. Eine Bewässerung ist auch hier nicht notwendig. Die Ernte erfolgt nur in wenigen Fällen maschinell.

Viskose

Viskose wird meistens aus dem Zellstoff von Sägespänen gewonnen. Holz zählt zu den natürlichen Ressourcen und hat den Vorteil „nachzuwachsen". In den letzten Jahren nahm vor allem die Verwendung von schnell wachsenden, einjährigen Pflanzen zu. Aufgrund einer nicht nachhaltigen Nutzung der Holzbestände wird vor allem in China zunehmend auf Bambus ausgewichen (Engelhardt, 2012, 49f). Unabhängig vom verwendeten Ausgangsstoff sind die chemischen und physikalischen Eigenschaften der Viskose immer unverändert (Knieli et al., s.a., 19), was von Verbraucherorganisationen oft kritisiert wird (Stocker, 2010).

Beim Viskoseverfahren werden die verwendeten Ausgangsmaterialien gemeinsam mit Chemikalien gekocht. Auf diese Weise wird Zellulose gewonnen, die anschließend zum sogenannten Viskosebrei verarbeitet wird. Dieser enthält Wasser, Natronlauge und das Lösungsmittel Schwefelkohlenstoff. Dann werden die Fasern mittels Spinnverfahren zu Garn gesponnen. Durch das Waschen und Bleichen ähnelt die Viskose sehr der Baumwollfaser.

Rund 80 % aller Viskose werden in Asien produziert, vorwiegenden wegen der geringen Umweltschutzauflagen, da bei der Herstellung hochgiftige Abwässer und Abluft entstehen. Ökologisch ebenfalls bedenklich sind der hohe Energie-, Wasser- und Chemikalienaufwand (Piegsa, 2010, 10). Da es zum Einsatz von Zink als Katalysator kommt, sind die umliegenden Gewässer einer derartigen Fabrik meistens belastet (Hingst und Mackwitz, 1996, 48f).

Lyocell

Lyocell stellt eine Alternative zur Viskose dar, da bei diesem Verfahren die Abwässer umweltverträglicher sind und die Faser biologisch abbaubar ist. Die

Qualität ist im Vergleich zu allen anderen Chemiefasern höher und erreicht mittlere Baumwollqualität (Piegsa, 2010, 10f).

Hingst und Mackwitz (1996, 49f) entkräften das Argument der „Umweltfreundlichkeit". Im Lyocell-Prozess wird das Lösemittel NMMO (N-Methylmorpholinoxid) eingesetzt, welches ähnliche Eigenschaften wie das gesundheitsschädliche Morpholin aufweist. In Kombination mit Wasser bildet die Flüssigkeit ein ätzendes Substrat. Gelangt dieses ins Grundwasser besteht „Gefahr für das Trinkwasser", aber auch die Dämpfe dieses Lösungsmittels haben schwerwiegende gesundheitliche Folgen bei längerer Exposition. Reizungen der Atmungsorgane und der Haut treten auf. Über einen längeren Zeitraum kann es zur Leber- und Nierenschädigung kommen.

2.2.2 Synthetische Chemiefasern

Synthetische Chemiefasern werden aus fossilen Ressourcen wie Erdöl, Ergas oder Kohle gewonnen und durch chemisch-physikalische Verfahren hergestellt (Rosenkranz und Castello, 1993, 54). Mit fast 60 % machen sie den Großteil der weltweiten Faserproduktion aus. Die Herstellung aus fossilem Rohöl stellt jedoch aufgrund der Endlichkeit dieser Ressource ein Problem dar, obwohl weniger als 1 % der Vorkommen benötigt werden. Ökologisch bedenklich sind außerdem der hohe Energie,- Wasser- und Chemikalieneinsatz. Die gewonnenen Kunstfasern sind zum Teil krebserregend oder können allergische Reaktionen beim Menschen auslösen (Piegsa, 2010, 12; Cherrett et al., 2005, 14f).

Auf der positiven Seite stehen die hohe Reiß- und Scheuerfestigkeit der Textilien, außerdem nehmen sie nur wenig Feuchtigkeit auf, was nach dem Waschen zu einer rascheren Trocknung führt (Rosenkranz und Castello, 1993, 54).

Eine nachhaltige Alternative zu Chemiefasern aus fossilen Rohstoffen stellen sogenannte Post Consumer Recycling (PCR) Produkte dar, welche nach den herkömmlichen synthetischen Fasern Polyester und Polyamid beschrieben werden.

Polyester (PES)

Polyester ist mit 60 % die am häufigsten verwendete Kunstfaser (Cherrett et al., 2005, 8). Kleidung aus Polyester ist knitterarm und scheuerfest. Die Nachteile sind eine sehr geringe Saugfähigkeit, elektrostatische Aufladung und leichte Verschmutzung (Knieli et al., s.a., 11).

Bei der Herstellung werden krebserregende Substanzen eingesetzt und umweltschädliche Stoffe an das Abwasser abgegeben (Rosenkranz und Castello, 1993, 68). Der Energie- und Wasserbedarf bei der Herstellung sowie bei der textilen Pflege sind erheblich, da Kleidungsstücke aus Polyester aufgrund der höheren Schweißproduktion und der daraus resultierenden unangenehmen

Geruchsbildung beim Tragen öfter gewaschen werden müssen (Koskela und Vinnari, 2009, 132).

Polyamid

Polyamid ist nach Polyester die zweitwichtigste synthetische Chemiefaser. Die Textilien gelten als sehr knitterarm und trocknen schnell, weshalb sie oft in der Kombination mit anderen Fasern zum Einsatz kommen. Allerdings vergraut und vergilbt die Kleidung rasch, ist empfindlich gegen Hitze und nimmt kaum Schweiß auf (Knieli et al., s.a., 11).

Aus ökologischer Sicht ist Polyamid weniger problematisch als Polyester, da bei der Herstellung biologisch abbaubare Substanzen eingesetzt werden (Rosenkranz und Castello, 1993, 70f). Allerdings enthalten sowohl Polyamid als auch Polyester schädliche Halb- und Schwermetalle. Bei der Herstellung kommt es zum Einsatz des Schwermetalls Antimon, das beim Testen von Bademode nachgewiesen wurde. Es besteht der Verdacht, dass die in den Fasern eingelagerten Metalle durch die Einwirkung von Chlorwasser, Meerwasser und durch intensive Sonnenbestrahlung herausgelöst werden könnten (Hingst und Mackwitz, 1996, 65).

PET (Rezykliertes Polyethylenterephtalat)

Unter PCR (Post Consumer Reycling) versteht man die Rohstoffgewinnung aus Abfällen. Produkte dieser Art stellen eine umweltfreundliche Alternative zu herkömmlichen Produkten aus fossilen Rohstoffen dar und haben mehrere Vorteile. Bei der Produktion werden Ressourcen geschont, Energie eingespart und Abfälle vermieden. Derzeit wird in der Textil- und Bekleidungsindustrie rezykliertes PET – hauptsächlich aus PET-Getränkeflaschen – als Sekundärrohstoff eingesetzt. Dieses wird vor allem in der Sport- und Outdoorbranche verwendet (Piegsa, 2010, 14f).

3. Die textile Kette

Im folgenden Kapitel wird die Produktionskette zur Herstellung von Textilien vorgestellt. Es wird nicht nur die Herstellung selbst, sondern auch die Ökologieverträglichkeit betrachtet. Oftmals werden die Arbeitsbedingungen in den Textilfabriken kritisiert, weshalb auch diese behandelt werden. Zur Berechnung des Water Footprints eines T-Shirts ist es notwendig den Water Footprint der einzelnen Prozesse zu ermitteln (siehe Kapitel 5.4.2). Da es sich bei der Fallstudie um Baumwolltextilien handelt, wird speziell auf deren Herstellungsverfahren eingegangen.

Zur Beurteilung der sozialen, ökonomischen und ökologischen Relevanz muss der gesamte Lebensweg der Textilien erfasst werden (Paulitsch et al., 2004, 8). Typisch für die heutige Textilindustrie ist eine starke internationale Arbeitsteilung. Die textile Kette besteht aus mehreren Produktionsabschnitten, die hinsichtlich der verwendeten Technologien und Maschinen große Unterschiede aufweisen können. Die verschiedenen Arbeitsschritte verteilen sich über eine Reihe von Ländern, vorwiegend wird in Asien produziert (Ministerium für Umwelt und Verkehr Baden-Württemberg, 2004, 9f).

Die textile Herstellungskette wird in unterschiedliche Arbeitsvorgänge unterteilt. Bei Baumwolle umfasst die Rohstoffgewinnung, den Anbau und die Ernte, kann aber je nach Faserart große Unterschiede aufweisen. Die Textilerzeugung gliedert sich grob in die Arbeitsvorgänge Garnherstellung, Flächenerzeugung, Textilveredelung und Konfektion. Der Handel stellt das Verbindungsglied zwischen Herstellern und Verbrauchern dar. Am Ort des Konsums ist die Textilpflege relevant. Die textile Kette schließt mit Möglichkeiten der Entsorgung dieser.

3.1 Rohstoffgewinnung

Zunächst werden ökologische Aspekte der Rohstoffgewinnung behandelt, daran schließen Details zum Anbau und zur Ernte von Baumwolle.

3.1.1 Ökologische Aspekte

Betrachtet man den Wasserverbrauch von unterschiedlichen Textilfasern, so bestehen bereits bei der Rohstoffgewinnung große Unterschiede. Die Auswahl der textilen Faser ist deshalb ein entscheidender Faktor. Die Baumwolle zählt zu den wasserbedürftigsten Pflanzen und verbraucht schon bei der Rohstoffgewinnung hohe Mengen. Auch der Anbau biologischer Baumwolle ist (trotz des geringeren

Wasserbedarfs) aufgrund der globalen Wasserknappheit als ökologisch äußerst bedenklich einzustufen. Synthetische Fasern haben im Vergleich dazu bei der Rohstoffgewinnung einen weitaus geringeren Wasserverbrauch.

Neben dem hohen Wasserbedarf ist auch die benötigte Fläche problematisch. Einen besonders hohen Flächenbedarf haben tierische Naturfasern, insbesondere Schafwolle. Den größten Flächenbedarf beansprucht die Herstellung von Schafwolle, die aber lediglich 2 % der weltweiten Faserproduktion ausmacht. Vergleicht man die Faserarten beträgt der Flächenbedarf von Schafwolle 67 ha, von Baumwolle 1,3 ha, von zellulosischen Chemiefasern 0,8 ha und von synthetischen Fasern 0 ha. Nach der Rohstoffgewinnung ist der Flächenverbrauch vernachlässigbar, da die Flächen für die Anlagen der textilen Flächenherstellung, Veredelung, Ausrüstung und Konfektion benötigt werden (Piegsa, 2010, 73f).

Speziell die CO_2-Emissionen haben im Kontext des Klimawandels an Bedeutung gewonnen. Bei Textilien aus nachwachsenden Rohstoffen sind die anfallenden CO_2-Emissionen neutral. Im Gegenzug dazu weisen synthetische Fasern aus fossilen Ressourcen sehr schlechte Werte auf, da erhebliche Mengen im Laufe des Produktlebenszyklus freigesetzt werden. Bei der Rohstoffgewinnung durch Maschinen können allerdings ebenfalls CO_2-Emissionen anfallen, sofern diese zum Einsatz kommen (Cherrett et al., 2005, 14f).

Der Faktor Toxizität spielt durch die Verwendung von Chemikalien aller Art nicht nur bei der Rohstoffgewinnung, sondern entlang des gesamten Lebenszyklus von konventionellen Textilien eine entscheidende Rolle. Oftmals gelten in den Produktionsländern lockere Umweltauflagen, weswegen nicht selten giftige Stoffe in die Gewässer gelangen (Allwood et al., 2006, 47ff).

3.1.2 Baumwollanbau

Baumwolle ist die am häufigsten verwendete Faser in der Textilindustrie. Die Baumwollpflanze gedeiht am besten in einem tropischen oder subtropischen Klima. In gemäßigten Klimazonen sind warme, trockene Sommer und mindestens 200 frostfreie Tage für einen erfolgreichen Anbau notwendig. Während des Wachstums benötigen die Keimlinge und Jungpflanzen eine ausgiebige Versorgung mit Wasser. Für die Reifung der Kapseln wird warmes und trockenes Wetter benötigt. Die Anbauperiode kann lagebedingt zwischen 175 und 225 Tagen betragen. Der Anbau erfolgt in den meisten Fällen als Monokultur, die aber spätestens ab dem dritten Jahr keine rentablen Erträge mehr abwirft. Abhilfe bieten mehrjährige Brachen oder ein Fruchtwechsel. Die Baumwollpflanze stellt keine besonderen Ansprüche an den Bodentyp, nur stark sandige oder schwer tonige Böden wirken sich ungünstig aus (Paulitisch et al., 2004, 22f).

Das Kultivierungssystem kann je nach Saatgutsorte, Saattermin, Bewässerungssystem, etc. sehr unterschiedlich sein, wird aber auf das jeweilige Anbaugebiet abgestimmt. Auch die Methode des Anbaus kann große Unterschiede in der Qualität der Ernte bewirken. In den Industrieländern sind die Anbaumethoden vollmechanisch, während in Entwicklungsländern überwiegend manuell gearbeitet wird (Schmidt, 2004, 68f). Vor der Aussaat ist eine Vorbereitung des Bodens notwendig, um ein lockeres Saatbeet zu schaffen. Der Saattermin ist abhängig von der örtlichen und jahreszeitlichen Verfügbarkeit von Wasser für die Bewässerung. Niederschlagsreiche Regionen planen die Aussaat derart, dass der Erntetermin in einen regenfreien Zeitraum fällt, während sich trockenere Regionen nach der Verfügbarkeit des Wassers für eine künstliche Bewässerung richten. Die Bewässerung der Baumwollkulturen nimmt eine zentrale Stellung in der Anbauperiode ein. Je nach Vegetationsperiode müssen die Wasserzugaben entsprechend dosiert werden, da mangelnde oder übermäßige Bewässerung zu Ertragseinbußen führen. Nicht nur wasserarme, sondern auch niederschlagsreiche Regionen bewässern ihre Baumwollbestände, da Niederschläge nicht exakt prognostizierbar und somit nicht beeinflussbar sind (Paulitisch et al., 2004, 24). Durch seinen hohen Wasserverbrauch hat der Anbau von Baumwolle schwerwiegende ökologische Folgen (Engelhardt, 2012, 32). Der Anbau in Monokulturen erfordert einen intensiven Schutz vor Schädlingen, Krankheiten und Unkraut (Paulitisch et al., 2004, 24f). Besonders der konventionelle Baumwollanbau ist mit einem erheblichen Energieverbrauch und einem hohen Einsatz von Pflanzenschutzmitteln (Pestizide, Herbizide, Fungizide) verbunden (Engelhardt, 2012, 32). Diese Dünge- und Pflanzenschutzmittel tragen wesentlich zur Boden- und Abwasserbelastung bei. In der Folge kommt es zur Versalzung von Böden, zur Wüstenbildung und zum Fischsterben. Der Pestizideinsatz ist in den letzten Jahren vor allem in den Entwicklungsländern stark gestiegen (Paulitisch et al., 2004, 24f) und stellt mittlerweile eine ernsthafte humane Gesundheitsgefährdung dar (Ministerium für Umwelt und Verkehr Baden-Württemberg, 2004, 15f).

Infolge der unterschiedlichen lokalen Anbaubedingungen variiert allerdings die eingesetzte Menge an Wasser, Pestiziden und Energie beträchtlich. Weitere Umweltprobleme durch die Bewässerung und den Pflanzenschutz sind der sinkende Grundwasserspiegel, der Artenverlust bzw. die Abnahme der Biodiversität, sowie eine zunehmende Schädlingsresistenz, der Verlust der Bodenfruchtbarkeit und das Entstehen von Erosionen (Schmidt-Bleek, 2004, 68f). Das Beispiel des allmählich verschwindenden Aralsees verdeutlicht auf fatale Weise den hohen Bedarf an Wasser beim Baumwollanbau und die daraus resultierenden Umweltkatastrophen (Chapagain et al., 2006, 187). Früher der viertgrößte See der Welt schrumpfte der Aralsee durch die Wasserentnahme für Bewässerungszwecke auf weniger als die Hälfte seiner Fläche. Das Wasservolumen reduzierte sich um über 80 %. Abgesehen von der Versalzung der Böden führte der zunehmende Einsatz von Düngemitteln und Pestiziden zur Erkrankung der Menschen (Engelhardt, 2012, 33f).

Neben Mais, Soja und Raps ist Baumwolle die vierte gentechnisch veränderte Pflanzenart, die kommerziell angebaut wird. Gentechnisch manipulierte Baumwolle produziert ein Protein, das im Verdauungsorgan bestimmter Schädlinge in Gift umgewandelt wird, sodass diese durch den Verzehr der Pflanze getötet werden. Durch diese Art der „Schädlingsbekämpfung", also direkt durch die Pflanze, wird allerdings eine ökologische Lücke für Sekundärschädlinge aufgerissen, die wiederum mit Chemikalien bekämpft werden muss. Die langfristigen Auswirkungen der Gentechnik sind noch nicht gänzlich erforscht und abschätzbar, bringen aber auf jeden Fall ein zusätzliches Risiko mit sich (Reller und Holdinghausen, 2011, 86ff).

Im Gegensatz zum konventionellen Anbau steht die ökologische Kultivierung. Hier wird auf strenge Richtlinien und eine gute Zusammenarbeit mit den Baumwollbauern vor Ort geachtet. An Stelle von Monokulturen wird biologische Baumwolle oftmals in abwechselnder Fruchtfolge zur Belebung des Bodens angebaut. Es wird genetisch unverändertes Saatgut verwendet und die Schädlings- und Unkrautbekämpfung erfolgt mit rein biologischen Methoden. Weiters wird auf organische Düngung, den Verzicht von Chemikalien und auf kontrollierte Grenzwerte in Bezug auf Emissionen geachtet. Im sozialen Bereich wird auf gerechte Preise und Abnahmekonditionen, sowie auf gute und faire Arbeitsbedingungen Wert gelegt (EZA, 2012).

3.1.3 Baumwollernte

Die Ernte der Baumwolle erfolgt im Optimalfall in einer trockenen Vegetationsperiode. Sie kann entweder maschinell oder von Hand erfolgen, wobei sich allerdings starke Unterschiede in Quantität und Produktivität ergeben können. Durch die gleichzeitige Entwicklung von Knospen, Blüten und Früchten kann sich die manuelle Ernte über einen Zeitraum von 90 bis 100 Tagen erstrecken. Diese Art der Ernte ist vor allem in Entwicklungsländern stark vertreten, da Arbeitskräfte billig sind und durch wiederholtes Pflücken und eine dichtere Bepflanzung höhere Flächenerträge erwirtschaftet werden können. Die maschinelle Ernte dominiert in Ländern mit hohen Lohnkosten und großen Ertragsflächen, wie beispielsweise in den USA. Vor der Ernte werden die Baumwollsträucher mit Hilfe von Chemikalien entlaubt. Der Ertrag ist durch die rasche und kostengünstige

Ernte um ein Vielfaches höher, die Qualität ist jedoch minderwertiger als bei der manuellen Ernte.

Nach der Ernte ist es notwendig, die Baumwolle für circa 30 Tage in der Sonne nachreifen und trocknen zu lassen. Danach wird sie maschinell entkernt. Die entsprechenden Anlagen befinden sich meistens in der Nähe der Baumwollfelder, weshalb in der Regel nur kurze Transportwege anfallen. Bei der konventionellen Baumwollverarbeitung werden Chemikalien zur verbesserten Entkernung hinzugefügt. Es sind keine detaillierten Angaben darüber in Erfahrung zu bringen, welche Substanzen dabei Verwendung finden. Die entkernte Baumwolle wird anschließend in rechteckige Ballen gepresst und an die zuständige Spinnerei geliefert. Der Transport wird erst aufgrund des reduzierten Volumens wirtschaftlich. In den Lagerhäusern der Spinnerein werden die Baumwollballen mit Methylbromid besprüht, um sie vor Lagerschädlingen zu schützen. Dies ist eine giftige chemische Substanz, die das stratosphärische Ozon schädigt (Paulitisch et al., 2004, 25f).

Beim biologischen Baumwollanbau wird sowohl auf Entlaubungsmittel, als auch auf sonstige chemische Hilfsmittel bei der Ernte, Lagerung und Entkernung verzichtet. Mit Fairtrade-Siegel zertifizierte Betriebe garantieren den Menschen darüber hinaus soziale Arbeitsbedingungen sowie Mindestpreise und Prämien (EZA, 2012).

3.2 Textilerzeugung

Die Textilbranche stellt weltweit einen bedeutenden Wirtschaftsfaktor dar. In Folge der hohen Arbeitsteilung sind zahlreiche Länder an der Produktion von Textilien beteiligt. Vor allem Entwicklungs- und Schwellenländer dominieren den heutigen Markt mit ihren Exporten. Ausgelöst durch den Kosten- und Konkurrenzdruck verlagern Unternehmen ihre Produktion vor allem in asiatische Länder, wo ein großes Angebot an billigen Arbeitskräften und lockere Umweltauflagen die Regel sind (Allwood et al., 2006, 8). In den folgenden Kapiteln werden diese Produktionsschritte der Textilerzeugung im Einzelnen beschrieben.

3.2.1 Garnherstellung

Nach der Rohstoffgewinnung erfolgt im nächsten Schritt die Herstellung des Garns. Die gewonnenen Fasern müssen mechanisch bearbeitet werden. Sie werden in der Regel geordnet, gestreckt, verzogen und schlussendlich fertiggesponnen.

Bei konventionell hergestellten Textilien werden bei diesen Vorgängen verschiedenste Hilfsmittel benötigt, da die Fasern enormen physikalischen Kräften ausgesetzt sind (VCI, 2007, 27). Chemische Präparationen wie Spinnöle, Schmelz- oder Schlichtemittel werden zum Schutz der Fasern und für eine bessere Verarbeitung eingesetzt (Umweltbundesamt der Bundesrepublik Deutschland, 2011). Diese werden nach dem Spinnvorgang ausgewaschen und gelangen ins Abwasser (Piegsa, 2010, 15). Eine umweltfreundliche Alternative sind Schlichtemittel auf Stärkebasis, da diese vollständig biologisch abbaubar sind (Schmidt, 2004, 69). Besondere Richtlinien gelten für GOTS zertifizierte Textilien. Bei diesen dürfen beim Spinnvorgang nur Paraffinöle auf Basis von natürlichen Rohstoffen eingesetzt werden. Eine Kontaminierung mit herkömmlichen Fasern ist durch eine gründliche Reinigung der Maschinen zu gewährleisten und verlangt eine penible Trennung von konventionellen Faserarten (GOTS, 2008, 7).

3.2.2 Flächenerzeugung

Um aus den Garnen Stoffe zu erhalten, ist der Arbeitsschritt der Flächenerzeugung erforderlich. Die dabei verwendeten Techniken sind alt, allerdings verlangt der maschinelle Einsatz heutzutage spezielle chemische Hilfsmittel (VCI, 2007, 27). Je nach Bedarf werden unterschiedliche Substanzen eingesetzt, um die Garne zu schützen, zu stärken oder zusammenzuhalten. Man unterscheidet zwischen den Techniken Weben, Stricken, Wirken und der Vliesstoffherstellung. Beim Herstellungsprozess hat die Form der textilen Oberfläche erheblichen Einfluss auf den Energiebedarf. Der Energieaufwand bei Wirkwaren ist beispielsweise geringer als bei gewebter Bekleidung (Piegsa, 2010, 64ff). Bei einer umweltfreundlichen Textilproduktion ist der Einsatz von Hilfsmitteln stark beschränkt. GOTS zertifizierte Betriebe dürfen beim Weben oder Stricken nur natürliche Substanzen verwenden. Schwermetalle dürfen nicht eingesetzt werden (GOTS, 2008, 8f).

3.2.3 Textilveredelung

Bei der Textilveredelung handelt es sich um alle chemischen und mechanischen Behandlungen, die aus den Rohmaterialien gebrauchsfähige Textilien machen. Die Veredelung gibt den Kleidungsstücken die gewünschte Optik, Griffqualität und Funktionalität. Sie ist bei allen Faserarten notwendig, also bei Naturfasern, Chemiefasern und bei Mischungen. Die Prozesse werden eingeteilt in Vorbehandlung, Farbgebung und Ausrüstung (VCI, 2007, 30f).

Der erste Schritt ist die Vorbehandlung, bei der die Textilien auf die nachfolgenden Prozesse vorbereitet werden. Beispiele wären die Grobreinigung, das

Entschlichten (Entfernung von Schlichtemitteln), das Bleichen, Waschen, Merzerisieren oder die Behandlung mit optischen Aufhellern. Je nach der späteren Bestimmung der Textilien werden diese Prozesse unterschiedlich kombiniert (Umweltbundesamt der Bundesrepublik Deutschland, 2011).

Der darauffolgende Prozess ist das Färben der Textilien. Farben spielen seit jeher eine bedeutende Rolle. Heutzutage sind über 50 000 Farbnuancen registriert (Rosenkranz und Schmidt, 1999, 56ff). Farbstoffe werden in Naturfarbstoffe und synthetische Farbstoffe eingeteilt. Naturfarbstoffe können pflanzlichen oder tierischen Ursprungs sein wie etwa Purpur oder Carotin. Den Großteil der synthetischen Farbstoffe bilden die sogenannten Azofarbstoffe, denen jedoch eine gesundheitsgefährdende Wirkung zugeschrieben wird (Fassold et al., 1999, 9ff). Beim Färben von Textilien fallen große Mengen schwer zu entsorgender Abfälle an. Die Auswirkungen sind neben der allgemeinen Umweltbelastung, vorwiegend durch die Verschmutzung von Abwässern, auch gesundheitlicher Art, wie etwa Hautallergien oder krebserregende Wirkungen (Rosenkranz und Schmidt, 1999, 56ff). Circa 1-2 % der Kontaktallergien werden durch Bekleidungstextilien ausgelöst, da von Farbstoffen kanzerogene und allergene Substanzen freigesetzt werden. Für zwei Drittel der textilbedingten Allergiefälle sind Dispersionsfarbstoffe verantwortlich, zu denen zahlreiche Azofarbstoffe gehören (Bundesinstitut für Risikobewertung, 2006, 7).

Im dritten Abschnitt der Textilveredelung werden die Materialeigenschaften der Textilien durch die sogenannte Ausrüstung verbessert. Darunter versteht man auch den organisatorischen Abschluss durch die Qualitätskontrolle. Das Bedrucken der Stoffe kann ebenfalls im Rahmen der Textilveredelung erfolgen, in manchen Fällen erfolgt dieser Prozess erst bei der Konfektionierung.

Ökologisch bedenklich ist der Energie- und Wasserbedarf, vor allem aber die Abwassermenge, die bei der Textilveredelung und ihren Prozessen anfallen kann. Diese Abwässer sind durch diverse Textilhilfsmittel, Textilgrundchemikalien und Farbmittel belastet, welche als schwer abbaubar gelten und nur bedingt in biologischen Kläranlagen entfernt werden können (Umweltbundesamt der Bundesrepublik Deutschland, 2011). Energetische Optimierungen sind durch geschlossene Kreisläufe mittels Wärmerückkopplung und Rückgewinnungsanlagen möglich. In Bezug auf die Abwässer lassen sich durch eine Wasseraufbereitung große Einsparungen und eine bessere Umweltverträglichkeit erzielen (Schmidt, 2004, 70).

Um die Umweltbelastungen zu reduzieren wurde in Deutschland von der verarbeitenden Industrie der sogenannte Textilhilfsmittelkatalog erstellt. Hier scheinen die meisten bei der Veredelung verwendeten Textilhilfsmittel inklusive ihrer

Zusammensetzung auf. Trotzdem herrscht immer noch Unklarheit über einige am Markt erhältliche Substanzen und ihre genaue Zusammensetzung. Zur besseren Beurteilung der Belastung der Gewässer mit Chemikalien wurden die in Tabelle 1 dargestellten sogenannten ARS (Abwasserrelevanzstufen) eingeführt. Es handelt sich hierbei um eine freiwillige Selbstverpflichtung der Industrie, die aber vom deutschen Umweltbundesamt auf Umsetzung und Erfolg kontrolliert wird (Umweltbundesamt der Bundesrepublik Deutschland, 2011). Das Resultat ist eine Zunahme an weniger abwasserrelevanten ARS I Produkten um 30 % seit dem Jahr 1997. Die stark abwasserrelevanten ARS III Produkte sind im Gegensatz dazu um 83 % gesunken (Piegsa, 2010, 19).

Tabelle 1: Abwasserrelevanzstufen

ARS I	wenig abwasserrelevant
ARS II	abwasserrelevant
ARS III	stark abwasserrelevant

Quelle: eigene Darstellung nach Piegsa (2010, 19)

Neben den Veredelungsprozessen entstehen zusätzliche negative Effekte durch zwischengeschaltete Trocknungsstufen. Hierbei kommt es zu erheblichen Emissionen. Durch Trocknung und Fixierung der behandelten Textilien gelangen Bestandteile der eingesetzten Chemikalien in die Abluft. In europäischen Ländern wird aus diesen Gründen der Einsatz der Textilhilfsmittel überwacht bzw. unterliegt er strengen gesetzlichen Regelungen (Umweltbundesamt der Bundesrepublik Deutschland, 2011). Die Textil- und Bekleidungsindustrie produziert jedoch vorwiegend in asiatischen Ländern. In diesen kommen in Europa verbotene Substanzen zum Einsatz, die krebserregend, erbgutschädigend oder nicht abbaubar sein können. All diesen sind die Arbeiter in den Textilveredelungsbetrieben ausgesetzt. Zur Beurteilung der Schadstoffkonzentrationen wurde der sogenannte AGW (Arbeitsplatzgrenzwert) eingeführt, der zum Schutz der Mitarbeiter dienen soll. Der MAK-Wert (maximale Arbeitsplatzkonzentration) gibt an, ab welcher Konzentration eines Stoffes keine gesundheitlichen Auswirkungen zu befürchten sind (Piegsa, 2010, 29).

Nachhaltig produzierte Textilien verzichten auf viele Prozesse der Textilveredlung. Vor allem ein GOTS Zertifikat schließt zahlreiche Hilfsstoffe aus. Bei der Vorbehandlung dürfen kein Ammoniak, keine Chlorierung und keine optischen Aufheller verwendet werden. Bleichen ist nur auf Sauerstoffbasis gestattet, Merzerisieren nur auf Basis von natürlichen Rohstoffen. Erlaubt sind mechanische, thermische und physikalische Vorbehandlungen. Auch bei der Färbung sind zahlreiche Substanzen verboten. Es dürfen lediglich bestimme natürliche und synthetische Farbstoffe eingesetzt werden. PVC- und Benzindrucke sind nicht erlaubt. Ausgerüstet wird ohne Chrom, Chlor, Formaldehyd, toxischen Stoffen, Fluorkohlenwasserstoffen, etc., sondern nur mit natürlichen Hilfsstoffen (GOTS, 2008, 8f).

3.2.4. Konfektion

Unter Konfektionierung versteht man die serienmäßige Produktion von Kleidungsstücken aus den verarbeiteten Stoffen. In der textilen Kette ist sie die letzte Stufe in der das verkaufsfertige Kleidungsstück entsteht (VCI, 2007, 41). Sie wird heutzutage aus Lohnkostengründen großteils im Ausland durchgeführt. Die Umweltrelevanz ist vernachlässigbar, da es kaum zum Einsatz von Chemikalien beim Zuschneiden, Nähen und Bügeln kommt. Die Einsparung von Ressourcen ist hauptsächlich durch die Optimierung der Organisation möglich. Allerdings bedarf es einer kritischen Betrachtung der eingesetzten Zusatzstoffe oder Hilfsmittel. Bei Futterstoffen, Einlagen, Reißverschlüssen, Knöpfen, etc. kommt es ebenfalls zum Einsatz von Energie, Rohstoffen und Chemikalien (Piegsa, 2010, 3ff).

Von besonderer Bedeutung sind die oft schlechten Arbeitsbedingungen in den Fabriken. Unternehmen, die sich an humane und faire Regeln halten, haben meistens keine Möglichkeit ihre Produkte mit einem Nachweis der Einhaltung zu kennzeichnen. Der Einblick in die Arbeitssituation ist schwierig, da die Produktion oft in unterschiedlichen Betrieben stattfindet (Ministerium für Umwelt und Verkehr Baden-Württemberg, 2004, 21). Die Bezahlung der Fabrikarbeiter orientiert sich vielfach am Mindestlohn der produzierenden Länder oder liegt darunter, wobei keine Mindestsicherung der Grundbedürfnisse gegeben ist. Neben der unangemessenen Entlohnung und immensen Überschreitungen der Arbeitszeit ist es keine Seltenheit, dass die Organisation von Gewerkschaften unterbunden wird, die Sicherheits- und Gesundheitsstandards missachtet werden, das Mindestalter der Arbeiter unterschritten wird, es zu Zwangsarbeit kommt und Druck auf die Arbeiter ausgeübt wird (Werner und Weiss, 2003, 40; 212ff).

Die Organisation Craft Aid auf Mauritius ist für die Konfektion des später behandelten Fallbeispiels zuständig. In mehrerer Hinsicht stellt diese ein Positivbeispiel dar. Neben fairer Bezahlung und humanen Arbeitsbedingungen sind die Arbeiter auch in Gewerkschaften organisiert. Hervorzuheben ist die Beschäftigung von behinderten Personen und Angehörigen sozial benachteiligter

Bevölkerungsgruppen (EZA, 2007, 1f), sowie Gewinnbeteilung und ein betriebsinterner Pensionsfonds (EZA, 2009, 3).

3.3 Handel

Der Handel umfasst die Verpackung und den Transport der fertigen Textilien, sowie den Verkauf an die Konsumenten. Er ist das Bindeglied zwischen Produzent, Lieferant und Verbraucher. Hier wird nicht nur über das Angebot und die Qualität entschieden, sondern auch, welche Art der Information von der Industrie an den Kunden weitergegeben wird. Die Verbraucheraufklärung ist oftmals mangelhaft, da eine nachvollziehbare und glaubwürdige Kennzeichnung der Produkte fehlt (siehe Kapitel 4) (Schmidt, 2004, 71).

An dieser Stelle sind in erster Linie die Umweltbelastungen durch Transport und Verpackungen hervorzuheben. Die Wahl des Transportmittels ist entscheidend für die Beurteilung der Umweltfreundlichkeit. Während der Bahntransport einen eher niedrigen Energiebedarf hat, stellen sich Transporte mittels LKW um das sechsfache höher heraus. Bei längeren Entfernungen schneiden LKW-Transporte auch im Vergleich zu Frachtschiffen schlechter ab (Grundmeier, 1996, 146f).

Unter Transportverpackungen versteht man Verpackungen, die den Transport von Waren erleichtern, die Ware vor Schäden schützen bzw. die Sicherheit des Transportes gewährleisten sollen. In jedem Fall sind Mehrwegverpackungen Einwegverpackungen vorzuziehen, da auf diese Weise das Abfallaufkommen reduziert wird und Ressourcen gespart werden können (Binger, 1994, 129). Ein positives Beispiel für diesbezügliche Abfallvermeidung ist das im Jahr 2000 in Deutschland eingeführte Standard-Kleiderbügel-Rückführsystem (SKRS). Aus ökologischen und wirtschaftlichen Gründen werden die Kleiderbügel unter hohen qualitativen Auflagen genormt und durchlaufen auf zeit- und kosteneffizientem Weg den Handel. Es handelt sich um ein Kreislaufsystem, bei dem sich der Einzelhandel zur Abholung der Bügel verpflichtet. Die Nutzungsdauer eines Kleiderbügels beträgt in diesem System drei Jahre und länger (Centrale für Coorganisation, 2000, 9).

Betrachtet man die Tragetaschen, die beim Verkauf von Kleidung angeboten werden, so gibt es in diesem Bereich ein enormes ökologisches Einsparungspotential. In den letzten Jahren ist zwar der Anteil aus nachwachsenden und biologisch abbaubaren Materialien gestiegen, der Großteil der eingesetzten Tragetaschen besteht jedoch noch immer aus Kunststoffen. Diese tragen nicht nur zur Verschwendung von Ressourcen bei, sondern bringen auch enorme Umweltprobleme mit sich (Binger, 1994, 133f). Als Maßnahme verbieten immer mehr

Länder die Verteilung von Gratisplastiktragetaschen beim Einkauf. Die durchschnittliche Nutzungsdauer eines „Plastiksackerls" liegt bei zwölf Minuten, der Abbau auf der Mülldeponie benötigt mehrere hundert Jahre (Werner, 2011).

3.4 Textilpflege

Textilpflege umfasst das Waschen, Trocknen und Bügeln. Vor allem in privaten Haushalten kommt es bei diesen Tätigkeiten zu einem enormen Energieverbrauch. Abhängig vom Material und der Anzahl der Wäschen kann eine hohe Umweltbelastung entstehen. Kleidung, die regelmäßig gewaschen wird, hat die größten Umweltauswirkungen (Koskela und Vinnari, 2009, 129). Baumwollfasern benötigen bei der maschinellen Trocknung das vierfache an Energie im Vergleich zu synthetischen Fasern (Piegsa, 2010, 64). Durch Verbesserungen der textilen Materialien und Farben ist es möglich die Anzahl der Wäschen zu reduzieren. Generell fehlen Informationen, die dem Konsumenten die Umweltbelastungen während der Gebrauchszeit aufzeigen. Die meisten Wäschen werden allerdings nicht aufgrund von Notwendigkeit (Schmutz), sondern zum persönlichen Wohlbefinden durchgeführt (Koskela und Vinnari, 2009, 130).

Laut einer Studie der Umweltschutzorganisation Greenpeace gelangen durch das Waschen von Textilien gefährliche Chemikalien in heimische Gewässer. Die in asiatischen Ländern bei der Produktion zugelassene Substanz NPE (Nonylphenolethoxylate) wird bei der ersten Haushaltswäsche bis zu 94 % ausgewaschen. Im Abwasser entsteht daraus ein Umweltgift, das zwar für Menschen nicht gesundheitsschädlich ist, sich aber auf die in den betroffenen Gewässern vorkommende Fische und Schnecken letal auswirkt (Santen, 2012, 5f). Ferner werden zahlreichen Textilchemikalien beim Tragen der Bekleidung freigesetzt und können in die Haut eindringen. Toxische Stoffe gelangen in den menschlichen Organismus und können Allergien oder Krebs auslösen. Obwohl die meisten Textilhilfsmittel in den europäischen Ländern bereits verboten sind, kann bei Importen aufgrund zu geringer Kontrollen nicht garantiert werden, dass giftige Chemikalien nicht zum Einsatz gekommen sind. Da der Großteil der Produktion in asiatische Länder verlagert wurde, umgeht die heimische Industrie die europäischen Verbotsgesetze und chemisch belastete Textilien gelangen in den Handel (Hingst und Mackwitz, 1996, 46f).

Beim Waschen der Textilien sollte vor allem die Pflegeanleitung berücksichtigt werden. Ihre Einhaltung wirkt sich nicht nur positiv auf den Energie-, Wasser- und Waschmittelverbrauch, sondern auch auf die Lebensdauer der Kleidung aus. Durch eine energieeffiziente Waschmaschine, niedrige Temperaturwahl, optimale Beladung und Waschmitteldosis können nicht nur Kosten gespart, sondern auch Ressourcen geschont werden. Positiv wirkt sich auch der Verzicht auf Bleichmittel, optische Aufheller und Duftstoffe aus, da diese Substanzen oftmals ökologisch bedenklich sind (Verbraucherinitiative e.V., 2007, 9f). Wegen ihrer hohen Giftigkeit ist der Einsatz von Weichspülern kritisch (Allwood et al., 2006, 47ff). Aus ökologischer Sicht ist das Waschen in gewerblichen Wäschereien aufgrund modernster Technik, optimierten Waschprozessen und gezielter Abwasseraufbereitung deutlich umweltfreundlicher als jenes in privaten Haushalten; ebenso Waschmittel, Wasser- und Energiebedarf (Piegsa, 2010, 41).

3.5 Entsorgung

Die Entsorgung von Textilien gestaltet sich aufgrund der immer größer werdenden Mengen an Altkleidern und der Vielfalt an Materialien immer schwieriger. Ursache für die steigenden Mengen sind unter anderem die stetig kürzer werdenden Kollektionsrhythmen in der Modebranche, weshalb die Kleidung von den Konsumenten oder dem Handel oftmals bereits nach kurzer Zeit entsorgt wird.

Man unterscheidet zwischen drei Möglichkeiten der Entsorgung:

- Secondhand-Läden,
- Altkleidersammlung oder
- Hausmüll (Binger, 1994, 147f).

Gemeinnützige Vereine wie Colping, die Caritas oder das Rote Kreuz sammeln noch brauchbare Altkleider in Containern in Form von Spenden. Die Bekleidung wird entweder in Secondhand-Läden abgesetzt, meistens jedoch ins Ausland nach Osteuropa, Afrika oder Südamerika exportiert und dort verkauft.

Die Recyclingfirma Öpula ist in Österreich für die Entleerung der Container zuständig. Aus Kostengründen wird die Sortierung der Sammlungen in Italien vorgenommen. Ein Teil der Kleidung wird zurück nach Österreich importiert und kostenlos an soziale Einrichtungen verteilt, der Rest in Dritte Welt Länder verkauft. Nicht mehr verwendbare Textilien werden zu Putzlappen weiterverarbeitet oder stofflich verwertet. Kritik erntet vor allem der Verkauf der Altkleider in Entwicklungsländer, der für den Niedergang der dort ansässigen Textilbranche verantwortlich sein soll (Derntl, 2011). Bei näherer Betrachtung spricht aber nicht nur die Ressourcenschonung durch die Wiederverwendung für dieses System. Die heimische Textilindustrie ist oft nicht in der Lage den Bedarf an Kleidung zu decken. Der Import der europäischen Altkleider ermöglicht der ansässigen Bevölkerung qualitativ hochwertige Kleidung zu humanen Preisen zu erwerben. Zusätzlich wird der jeweilige Arbeitsmarkt durch die Sortierung, die Reparatur, das Umnähen und den Verkauf der Altkleider gefördert (Knieli et al. s.a., 31). Das öffentliche Ansehen der Altkleidersammlung ist dennoch speziell durch die Organisation Humana „People to People" stark geschädigt. Humana verkauft einen Großteil der Altkleiderspenden am heimischen Secondhand-Markt. Die Geschäftsstruktur ist undurchsichtig und nur ein geringer Teil der Einnahmen wird tatsächlich für die Entwicklungshilfe verwendet (Derntl, 2011).

Mangelhafte Textilien werden im Hausmüll entsorgt und stofflich wiederverwertet. Rund 30 % der Textilien werden zu neuen Produkten rezykliert oder finden Verwendung als Rohstoff für die Vliesstoff-, Papier- und Pappenindustrie. Etwa 7 % der Textilien können in keiner dieser Kategorien verwertet werden und werden deponiert, kompostiert oder energietechnisch durch Müllverbrennung verwertet. Allerdings stellt die Kompostierung aufgrund des geringen Nährstoffgehalts von textilen Fasern (Zellulose) im Vergleich zur Verbrennung eine weniger attraktive Alternative dar. Textilien besitzen einen hohen Heizwert, wobei synthetische Fasern besonders gut für die thermische Verwertung geeignet sind. Obwohl die Verbrennung durch die Abgasproduktion und die zurückbleibenden Schlacke ökologisch bedenklich ist, muss berücksichtigt werden, dass durch die thermische Verwertung die Produktion von Primärenergie eingespart werden kann (Piegsa, 2010, 42ff).

4. Zertifizierung von Textilien

Bei der Herstellung von Textilien bestehen große ökologische und soziale Defizite, die dem Verbraucher beim Kauf in den meisten Fällen nicht aufgezeigt werden. Das folgende Kapitel knüpft an diese Problematik an und stellt am Markt gängige Zertifizierungen vor. Ein Einblick in diese ist auch deshalb interessant, weil das im empirischen Teil behandelte Produktbeispiel aus der Ökotextilbranche mit dem Fairtrade-Siegel für biologisch kultivierte Baumwolle und dem GOTS-Siegel ausgezeichnet ist.

Aktuell gibt eine Vielzahl an ökologischen Zertifizierungen und sozialen Standards, die ihren Fokus unterschiedlich setzen. Die Nachfrage nach Ökomode ist zwar im Steigen, es handelt sich aber in der momentanen Textilwirtschaft um Nischenprodukte, da das Angebot klein und überschaubar ist (Hahn und Hermann, 2009, 154ff). Nach der Studie von Koskela und Vinnari (2009, 128) ist es für Konsumenten schwierig Informationen über umweltfreundliche und fair produzierte Produkte zu erlangen. Mithilfe von Zertifikaten sollte es einfacher sein diese von herkömmlichen Textilien zu unterscheiden.

Zu kritisieren ist, dass es keine einheitliche Kennzeichnung gibt. Die einzelnen Labels setzen unterschiedliche Prioritäten, wobei *keines* dieser Labels einen nachhaltigen Wasserverbrauch bei der Herstellung berücksichtigt. Mit einer Vereinheitlichung der Labels ist in den nächsten Jahren nicht zu rechnen. Eher ist davon auszugehen, dass weitere Standards mit neuen, nachhaltigen Kriterien hinzukommen werden (Engelhardt, 2012, 46ff).

4.1 Ökosiegel

Ökosiegel sollen dem Konsumenten als Hilfestellung beim Kauf dienen, die Produktionsumstände der Kleidung leichter zu identifizieren. Allerdings ist die einheitliche Kennzeichnung von Textilien noch nicht gesetzlich geregelt. Die einzigen in der EU gesetzlich geschützten Begriffe sind der kontrolliert biologischer Anbau (kbA) für beispielsweise Baumwolle, beziehungsweise der Ausdruck „aus kontrolliert biologischer Tierhaltung (kbT)“ bei Schafwolle.

Die Vergabe von Ökosiegeln kann von unabhängigen Instituten, aber auch von den Unternehmen selbst erfolgen, was zur Verwirrung der Konsumenten beiträgt. Die jeweiligen Richtlinien sind höchst unterschiedlich und die Vertrauenswürdigkeit der Zertifikate mit Vorsicht zu genießen. Unternehmen schmücken sich zunehmend mit einem selbstgeschaffenen Siegel und Kriterien, die selbst festgelegt werden. Deshalb steht der Bekanntheitsgrad eines Labels nicht automatisch für höhere Qualitätsansprüche (Piegsa, 2010, 53). Speziell große Handelsketten versuchen ihr Image mit einer eigenen Ökolinie aufzubessern, was auch als sogenanntes „Greenwashing" verstanden wird. Diese „grünen" Kollektionen berücksichtigen zwar ökologische Kriterien, der Großteil des übrigen Angebots wird jedoch weiterhin konventionell hergestellt (Hahn und Hermann, 2009, 166).

In der folgenden Tabelle werden einige am Markt befindliche Ökosiegel näher beschrieben, um einen Überblick über die Vielzahl an Labels und ihren jeweiligen Kriterien zu geben. In der Praxis ist eine Kennzeichnung mit mehreren Labels nicht selten.

Tabelle 2: Überblick Ökosiegel

Global Organic Textil Standard Der Global Organic Textil Standard (GOTS) ist ein weltweit gültiger Standard zur Produktion von Naturtextilien und wurde 2005 von einer internationalen Arbeitsgruppe gegründet. Ziel ist neben sozialen Standards die Gewährleistung einer ökologischen Gewinnung der Rohstoffe, eine umweltverträgliche und soziale Produktion und die Kennzeichnung der Endprodukte für den Verbraucher. Der Geltungsbereich umfasst die gesamte textile Herstellungskette. Das Siegel unterschiedet zwischen „ökologisch" bei einem Faseranteil von mindestens 70 % oder „ökologisch in Umstellung", bei einem geringeren Anteil. Die IFOAM (International Federation of Organic Agriculture Movements) nimmt die Zertifizierung vor (GOTS, 2012).
Naturtextil Dieses Ökosiegel verfolgt aktuell die strengsten ökologischen und sozialen Standards entlang der gesamten textilen Herstellungskette. Die gekennzeichneten Textilien bestehen ausschließlich aus Naturfasern und werden in die Kategorien „Better" und „Best" eingeteilt. „Better"-Textilien erfüllen die ökologischen und sozialen Basiskriterien, während „Best"-Textilien den höchsten realisierbaren ökologischen Standard in der Textilbranche gerecht werden. Der IVN (Internationale Verband der Naturtextilien) vergibt das Siegel, die Überprüfung erfolgt durch eine unabhängige Stelle in jeder Stufe der Produktion (IVN, 2012).

Öko-Tex Standard 100plus

Der Öko-Tex Standard 100plus ist eine Kombination aus zwei Standards. Der Öko-Tex Standard 100 steht für die Schadstofffreiheit eines Produkts und ist bei der europäischen Bevölkerung am bekanntesten, der Öko-Tex Standard 1 000 für eine umweltfreundliche und sozial verantwortliche Produktion entlang der gesamten Herstellungskette. Die Schadstoffe betreffend wird darauf geachtet, dass die gesetzlichen Bestimmungen eingehalten werden beziehungsweise gehen die Anforderungen teilweise über diese hinaus. Die Überprüfung erfolgt mittels definierter Verfahren durch unabhängige Institute (Oeko-Tex International, 2012).

Europäisches Umweltzeichen

Dieses Siegel wurde von der Europäischen Kommission entwickelt und herausgegeben. Textilien, die mit der sogenannten „EU-Blume" gekennzeichnet sind, verursachen im Vergleich zu anderen Produktgruppen geringere Umwelt- und Gesundheitsschäden über den gesamten Produktlebenszyklus bei gleichbleibender Qualität. Der Schwerpunkt der Beurteilung liegt allerdings weniger in der Herkunft der Rohstoffe, sondern mehr in der Produktion. Der Wasserverbrauch wird darum nur im Rahmen von wassersparenden Verfahren beurteilt (European Comission Environment, 2012).

Bluesign

Bei diesem Standard werden Textilien entlang der gesamten textilen Produktionskette bewertet. Kriterien sind unter anderem die Ressourcenproduktivität, der Verbraucherschutz, der Immissionsschutz, der Gewässerschutz und der Arbeitsschutz. Auch globale Richtlinien wie beispielsweise der GOTS Standard werden berücksichtigt. Gefährliche Substanzen werden schon vor Beginn der Produktion ausgeschlossen und gelangen somit nicht in die Produktionskette (Bluesign Technologies, 2010, 4ff).

Hess Natur

Im deutschsprachigen Raum gilt Hess Natur aufgrund seiner hohen ökologischen Anforderungen an seine Produkte als besonders verantwortungsbewusstes Unternehmen. Die ausschließliche Verwendung von Naturfasern, die Vermeidung bedenklicher Hilfsstoffe und eine sozialverträgliche Produktion zählen zu den ökologischen Grundsätzen dieses Unternehmens. Vielfach ausgezeichnet sind Kleidungsstücke mit dem Zeichen von Hess Natur mit einem unabhängigen Ökolabel gleichzusetzen. Zusätzlich überwacht eine unabhängige Kontrollinstanz das Unternehmen (Wittberg, 2006, s.p.).

LamuLamu

LamuLamu ist ein Label der Landjugendverlags GmbH. Bei den Textilien wird auf die Verwendung von 100 % biologischer Baumwolle von Kleinbauern Wert gelegt. Die Textilien halten höchste Qualitätskriterien und soziale Standards ein, die während der gesamten Produktionskette gelten und überprüft werden. Es handelt sich um ein Vorzeigeunternehmen, das sich selbst strenge Rahmenbedingungen gesetzt hat, um ökologische und sozialverträgliche Kleidung anbieten zu können (Landjugendverlag GmbH, 2012).

Green Cotton

Das Green Cotton Label wurde von der Firma Novotex entwickelt. Bei der Herstellung wird ökologische Baumwolle verwendet sowie auf eine umweltfreundliche Produktion und gesundheitlich unbedenkliche Textilien geachtet. Es werden neueste Technologien angewendet, um die Arbeitsbedingungen für die Angestellten fortwährend zu verbessern. Dieses Unternehmen wurde bereits mehrfach für sein Umweltmanagement geehrt und ausgezeichnet, allerdings handelt es sich eher um eine Produktlinie, als um eine echte Zertifizierung (Novotex, 2012).

Quelle: eigene Darstellung

4.2 Soziale Standards

Die Einhaltung sozialer Standards bei der Produktion von Kleidung gewinnt durch die zahlreichen Berichte über die verheerenden Arbeitsbedingungen in den Produktionsländern zunehmend an Bedeutung. Um die Preise in den Modehäusern niedrig zu halten, wird beim schwächsten Glied der Kette gespart, bei den Arbeitern in den Billiglohnländern. Aber auch über die Arbeitsbedingungen im heimischen Handel erscheinen immer öfter negative Berichte in den Medien. Ergänzend zu den ökologischen Siegeln werden im folgenden Abschnitt die wichtigsten Organisationen aufgelistet, die sich für eine Verbesserung der Arbeitsverhältnisse bei der Herstellung von Textilien einsetzen. Durch die Undurchsichtigkeit der textilen Kette ist der Herstellungsprozess allerdings sehr schwer zurückzuverfolgen. Die Arbeitsbedingungen in den produzierenden Ländern könnten kaum unterschiedlicher sein. Das im Kleidungsstück platzierte „Made in" Etikett gibt keinen Aufschluss darüber, da oft ein einziger Arbeitsschritt in einem Land für diese Bezeichnung ausreicht. Der veranschlagte Preis ist ebenfalls kein Indikator, da teure Designer genauso wie Billigdiscounter in Niedriglohnländern produzieren lassen. Lediglich extrem niedrige Dumpingpreise sind ein Hinweis für mit hoher Wahrscheinlichkeit unfaire Produktionsbedingungen (Hahn und Hermann, 2009, 171f).

In der folgenden Tabelle 3 sind die wichtigsten Organisationen aufgelistet, die sich für soziale Fairness entlang der textilen Kette einsetzen und als vertrauenswürdig gelten.

Tabelle 3: Überblick soziale Standards

Clean Clothes Campaign
Die Clean Clothes Campaign (CCC), eine aus den Niederlanden stammende Kampagne für „saubere" Kleidung, macht bereits seit den 90er Jahren auf die Missstände und menschenunwürdigen Bedingungen in den produzierenden Ländern aufmerksam. Heute hat die Organisation ein weit verzweigtes Netzwerk aufgebaut mit dem Ziel die Verbraucher über die Produktionsumstände aufzuklären. Der Einzelhandel soll zur Einhaltung sozialer Mindeststandards gezwungen werden, welche unabhängig kontrolliert werden. Weiters werden mehr Transparenz entlang der textilen Kette und gerechte Löhne für Arbeiter sowie Gewerkschaften vor Ort gefordert. Die Hauptverantwortung für die vorherrschenden Arbeitsbedingungen tragen laut CCC die Handelsketten, Markenfirmen und Discounter, die die Zulieferer unter massiven Druck setzen und den Löwenanteil der Gewinne lukrieren. Gemeinsam mit zahlreichen europäischen Organisationen wurde der Clean-Clothes-Verhaltenscodex zusammengestellt, welcher die Konventionen der Internationalen Arbeitsorganisation (ILO) als Grundlage hat.
Fair Wear Foundation
1999 wurde die unabhängige Non-Profit-Organisation Fair Wear Foundation mit dem Ziel gegründet, für bessere Arbeitsbedingungen in den Fertigungsstätten zu sorgen. Der Arbeitsverhaltenskodex beinhaltet dieselben Forderungen wie jene der CCC. Um mehr Transparenz zu gewährleisten, werden die Zulieferer mit jedem Jahr ihrer Mitgliedschaft eingehender kontrolliert.
TransFair
Der internationale Verein TransFair garantiert ökologische und soziale Kriterien bei der Produktion. Das Siegel „Fairtrade certified cotton" steht für biologisch und sozial gerecht kultivierte Baumwolle. Dieses Siegel garantiert den zuständigen Bauwollbauern einen stabilen Mindestpreis und einen zusätzlichen Fairtrade-Aufschlag für soziale Projekte. In Österreich werden die Textilien direkt von der Organisation Fairtrade zertifiziert. Allerdings betrifft dies die Rohbaumwolle, nicht aber das fertige Kleidungsstück, was bedeutet, dass für die Weiterverarbeitung nicht unbedingt faire Arbeitsbedingungen vorliegen müssen. Diese sind aber den Kernarbeitsnormen der ILO verpflichtet, welche durch ein SA 8 000 Zertifikat oder durch eine Mitgliedschaft bei der FWF nachgewiesen werden können.

Quelle: Hahn und Hermann (2009, 151ff)

Obwohl nicht die gesamte Wertschöpfungskette einheitlich zertifiziert wird, schaffen TransFair, die Fair Wear Foundation und die Clean Clothes Campaign einen Rahmen für eine transparente und sozial gerechte Produktion mit dem Ziel die Fairness entlang der textilen Kette zu erhöhen. Während TransFair bei der Produktion der Baumwolle ansetzt, konzentrieren sich CCC und FWF auf die Umstände entlang der weiteren Produktionskette (Hahn und Hermann, 2009, 170).

5. Messinstrumente für Umweltwirkungen

Die bisher erlangten Kenntnisse verdeutlichen die unterschiedlichen Einflüsse auf die Umwelt im Rahmen der Textilproduktion. Nach der Kennzeichnung im Handel stellt sich die Frage, mit welchen Messinstrumenten derartige Umwelteinflüsse, speziell auf Wasserressourcen, erfasst werden können. In den letzten Jahren rückte aufgrund der zahlreichen Umweltskandale die Messbarkeit von Umweltwirkungen immer mehr in den Vordergrund. Die unterschiedlichsten Messmethoden und Indikatoren wurden entwickelt, um den menschlichen Einfluss und die daraus resultierenden Auswirkungen auf die Umwelt zu demonstrieren. Die Messung von Umweltwirkungen kann auf unterschiedliche Art und Weise erfolgen. In diesem Kapitel werden derartige Instrumente zur Quantifizierung von Umwelteinflüssen vorgestellt, insbesondere der Water Footprint, welcher den Wasserverbrauch bei der Herstellung von Gütern behandelt.

Zu Beginn wird das Konzept des sogenannten Ecological Footprints vorgestellt, der den Ressourcenverbrauch der Menschen anhand der beanspruchten Flächen darstellt, mit anderen Worten der Fußabdruck einer bestimmten menschlichen Aktivität. Von diesem Konzept abgeleitet ist der Carbon Footprint entstanden, der ein Maß für die ausgestoßenen Treibhausgasemissionen darstellt und die Beeinträchtigung des Klimas thematisiert. Das Konzept des „virtuellen Wassers" betrachtet erstmals den Wasserverbrauch bei der Herstellung von Gütern und beschäftigt sich vorrangig mit dem dadurch entstehenden „Wasserhandel". Der Water Footprint ist eine Weiterentwicklung des virtuellen Wassers und wurde durch drei neue Kategorien ergänzt. Das Hauptaugenmerk liegt auf der Herkunft der Wasserressourcen, die aus Niederschlägen oder Grund- und Oberflächengewässern stammen, sowie auf deren Verschmutzung.

5.1 Ecological Footprint

Der Ecological Footprint (dt. Ökologischer Fußabdruck) dient zur Berechnung des *Naturverbrauchs*. Mathis Wackernagel und William Rees entwickelten die Footprint Methode bereits in den frühen 90er Jahren. Der Footprint wird mittels biologisch produktiver Erdoberfläche in Hektar ausgedrückt und soll den Ressourcenverbrauch bei der Herstellung einer Ware oder einer Dienstleistung veranschaulichen. Zweck dieses Instruments ist es der Öffentlichkeit und den Entscheidungsträgern aufzuzeigen, dass die Erdbevölkerung „auf zu großem Fuß" lebt. Dies bedeutet, dass die biologischen Grundlagen für die Lebenserhaltung schneller verbraucht werden, als Zeit für die Regenerierung benötigt wird. Zahlreiche Ökosysteme sind übernutzt und können sich nicht erneuern bzw. normalisieren, wie beispielsweise das Klima oder diverse Fischbestände. Mit Hilfe des Ecological Footprints sollen die Menschen wieder zu einem für die Erde verträglichen Ressourcenverbrauch zurückfinden. Die ökologischen Grundlagen sollen abgesichert werden, um einen „ökologischen Bankrott" im kommenden Jahrhundert zu verhindern.

Auf diese Weise soll ein einheitlicher Indikator geschaffen werden, mit dem die Biokapazitäten weltweit berechnet und verglichen werden können. Diese Kenngröße wird anhand der jährlichen Produktion der Ökosysteme errechnet, die allerdings in den einzelnen Ländern unterschiedlich ist und bei der Berechnung berücksichtigt werden muss. Anhand von Satellitenbildern wurden sechs verschiedene Kategorien von Ökosystemen für den Ecological Footprint bestimmt: Ackerland, Weideland, Fischgründe, bebautes Land, Wald und CO_2-Land. Für die einzelnen Kategorien gibt es notwendige Zeiträume, die für die Regeneration vorgegeben sind. Werden diese unterschritten, so kommt es zum Raubbau und die Ökosysteme sind nicht im Stande sich zu regenerieren.

Für alle Länder wurden aufgrund der unterschiedlichen Produktivitäten gesonderte Erntefaktoren für die einzelnen Landtypen bestimmt. Ein Äquivalenzfaktor rechnet diese in Flächen durchschnittlicher Weltproduktivität um. Das Ergebnis ist der Ecological Footprint, der in globalen Hektar angegeben wird. Diese produktive Fläche entspricht einer Größe von 10 000 m^2 (Quadrat mit 100 m Kantenlänge).

Um die Überschreitung der globalen Grenzen zu vermeiden, werden fünf Lösungsansätze vorgeschlagen:

1. die Verkleinerung der Weltbevölkerung,
2. die Reduzierung des Konsums von Gütern und Dienstleistungen pro Kopf,
3. die Verbesserung der Ressourceneffizienz, mit der Güter und Dienstleistungen produziert werden,
4. die Vergrößerung der produktiven Fläche und
5. die Steigerung der Produktivität pro Hektar (Wackernagel und Beyers, 2010, 7ff).

Aus dem Konzept des Ecological Footprints haben sich weitere Fußabdrücke entwickelt, wie etwa der mittlerweile auch im Handel etablierte Carbon Footprint bzw. der Water Footprint.

5.2 Carbon Footprint

Der Carbon Footprint (dt. CO_2-Fußabdruck) ist ein weiteres Messinstrument für Umweltwirkungen. Er stellt die bei der Herstellung von Produkten oder Handlungen entstandenen Treibhausgasemissionen dar und gibt Auskunft über ihre Klimarelevanz. Unter THG (Treibhausgasen) werden all jene gasförmigen Stoffe verstanden, die laut dem IPCC (Intergovernmental Panel on Climate Change) Klimabericht definiert wurden, denn neben der Luftverschmutzung sind THG für die Erwärmung des Erdklimas verantwortlich. Um den Temperaturanstieg einigermaßen einzudämmen bedarf es einer enormen Reduktion dieser Emissionen (Bundesministerium für Umwelt, Naturschutz und Reaktorsicherheit, 2010, 18f).

Der Carbon Footprint bietet eine Möglichkeit, die Höhe dieser Belastungen zu messen. Die geläufigste Definition besagt, dass der Carbon Footprint ein Maß für die direkt oder indirekt freigesetzten Treibhausgasemissionen ist, die durch Aktivitäten oder die Herstellung eines Produkts entstehen können (Wiedmann und Minx, 2007, 1ff).

Über eine allgemein gültige Definition ist man sich nicht einig, ebenso wenig über die Berechnung. Während einige Berechnungen ausschließlich CO_2-Emissionen heranziehen, inkludieren andere sämtliche THG wie etwa Methan oder Lachgas (European Comission, 2007, 1f). Die Erarbeitung von internationalen Standards ist bereits im Gange und wird voraussichtlich im Rahmen einer ISO-Richtlinie in naher Zukunft veröffentlicht.

Mit Hilfe des Carbon Footprints soll mehr Transparenz in der Wertschöpfungskette geschaffen werden. Das Bewusstsein für Prozesse, die besonders hohe THG-Emissionen verursachen, soll verstärkt und Einsparungspotenziale analysiert werden. Anhand der Ergebnisse kann dann eine Klimastrategie entworfen werden.

Die Grenzen liegen in der methodischen Entwicklung, der unzureichenden Datenbasis, im eingeschränkten Datenzugang und in der großen Streubreite der Daten entlang der Wertschöpfungskette. Der Vergleich des Carbon Footprints von Produkten ist dadurch sehr schwierig, insbesondere wenn die Studie von unterschiedlichen Personen ausgearbeitet wurde.

Das allgemeine Vorgehen bei der Berechnung eines Produkt Carbon Footprint ist an die Ökobilanz angelehnt.

1. *Erstellung der Prozessnetze*: Im Rahmen dieser werden sämtliche Materialien, Aktivitäten und Prozesse des Produktlebenszyklus ausfindig gemacht. Es empfiehlt sich eine Gliederung in die wesentlichen Lebenszyklusphasen wie

die Rohstoffgewinnung, Produktion, Distribution, Produktnutzung und Entsorgung.

2. *Definition der Systemgrenzen*: Die wichtigsten Inputs und Outputs der Prozesse werden in diesem Schritt bestimmt. Entscheidend ist die Erfassung der relevanten Treibhausgasemissionen, die bei der Herstellung des Produkts anfallen.
3. *Datenrecherche*: Bei der Sammlung der Daten wird analog zur Ökobilanz vorgegangen, wobei Primär- und Sekundärdaten gesammelt, aber auch Daten zu anderen Umweltkategorien miterfasst werden können. Dadurch kann der Carbon Footprint später in ein Verhältnis mit anderen Umweltauswirkungen gesetzt werden.
4. *Berechnung nach Bestimmung der Allokationsregeln*: Unter Allokation versteht man die herkunftsmäßige Zuordnung von Emissionsbeiträgen. Dieser Vorgang beeinflusst die Höhe des Carbon Footprints. Daran schließt sich die eigentliche Berechnung, welche die Summe aller maßgeblichen Prozesse über den Lebenszyklus mit den Emissionsfaktoren multipliziert.
5. *Ermittlung von Unsicherheiten*: Im letzten Schritt werden mögliche Unsicherheiten ermittelt (Bundesministerium für Umwelt, Naturschutz und Reaktorsicherheit, 2010, 18ff).

5.3 Virtuelles Wasser

Unter „virtuellem Wasser" wird jene Wassermenge verstanden, die zur Erzeugung von vorwiegend landwirtschaftlichen Produkten benötigt wird. Die allgemeine Aufmerksamkeit soll auf den hohen Wasserbedarf in der Landwirtschaft gelenkt werden (Grohmann et al., 2011, 13). Das Konzept ist in erster Linie auf agrarische Erzeugnisse beschränkt, kann aber auch auf nicht-agrarische Produkte ausgeweitet werden. Auf diese Weise werden die verschiedenen Herkunftsformen von Wasser – Süßwasser und Bodenwasser – sowie Nahrung und Handel miteinander in Zusammenhang gebracht (Allan, 2003, 4ff).

Der Großteil des Wasserverbrauchs bei der Herstellung von landwirtschaftlichen Produkten fällt in Regionen an, die weit entfernt von jenen Konsumzentren liegen, in denen der eigentliche Bedarf gegeben ist und die Lebensmittel konsumiert werden. Dies bedeutet: durch den Export von Waren findet ein indirekter Wasserexport und –Import statt (Hahn, 2006, 121f). Grundsätzlich besteht die Möglichkeit durch Verlagerung der agrarischen Produktion in wasserreichere Länder und Regionen die entsprechenden Ressourcen im eigenen Land zu schonen. Allerdings wird aus verschiedenen Gründen meistens nicht darauf Rücksicht genommen (Grohmann et al., 14).

In den letzten Jahren wurde der Wasserhandel genauer untersucht, woraus sich das Konzept des „virtuellen Wasserhandels“ entwickelt hat. Dieses sieht als Lösung der ungleichen Verteilung der Wasserressourcen vor, dass wasserarme Regionen – vorwiegend Entwicklungsländer – Produkte aus wasserreichen Ländern importieren, um die eigenen Wasserressourcen zu schonen. Die eingesparte Menge an Wasser kann für andere Bereiche verwendet werden, die eine größere Wertschöpfung pro Liter Wasser ergeben. In Entwicklungsländern werden vorwiegend landwirtschaftliche Produkte produziert, die aus ökonomischer Sicht eine große Menge an Wasser benötigen, aber nur eine geringe Wertschöpfung besitzen. Aus diesem Grund wurde die Idee entwickelt eine Art Tauschansatz einzuführen. Wasserärmere Länder sollen veredelte Güter mit einer höheren Wertschöpfung herstellen und Agrarprodukte, die bei der Produktion eine große Menge an Wasser benötigen, aus wasserreichen Ländern importieren. Allerdings ist dieser Tauschansatz gescheitert, da die betroffenen Länder ablehnten sich in die Abhängigkeit von anderen Staaten, wie beispielsweise den USA, zu begeben. Zusätzlich sind zahlreiche Arbeitsplätze traditionell in der Landwirtschaft angesiedelt, was ebenfalls ein Problem darstellt (Katzmann, 2007, 188f). Durch konkurrierende Importe würde die Existenzgrundlage der örtlichen Bevölkerung verloren gehen.

In industriellen Ländern könnten hingegen beim täglichen Einkauf und bei Konsumentscheidungen große Mengen an Wasser eingespart werden. Durch bewusstes Konsumverhalten ist es möglich den virtuellen Wasserverbrauch erheblich zu senken. Die Einschränkung des Fleischkonsums kann beispielsweise zu Einsparungen führen, da die Produktion von tierischen Nahrungsmitteln einen enormen Wasserverbrauch erfordert (Kürschner, 2007, 440ff).

Nach Katzmann (2007, 188f) existiert kein anerkanntes Verfahren zur Berechnung des virtuellen Wassergehaltes eines Produktes, weshalb die errechneten Werte oftmals stark differieren können. Die allgemein vertretene Berechnung lautet:

Formel 1: Virtueller Wassergehalt eines Produkts

$$Wassergehalt\left(m^3 / t\right) = \frac{Wasserbedarf\ des\ Produkts\ (m^3 / ha)}{Ertrag\ (t / ha)}$$

Quelle: Katzmann (2007, 188f)

Wichtig ist die „Enttarnung“ des Wasserverbrauchs durch vier Hauptkomponenten:

1. Region und Zeitpunkt des Anbaus,
2. Ort der Messung,
3. Produktionsweise,
4. Wasserverbrauch in Zwischenverarbeitungsschritten.

Bei Kleidung wäre beispielsweise ein Paar Jeans mit einer Spannbreite zwischen 7 000 und 29 000 l Wasser zu veranschlagen, ein konventionelles T-Shirt durchschnittlich mit 15 000 l Wasser. Die Zahlen können aus mehreren Gründen schwanken. Baumwolle benötigt zum Beispiel unterschiedliche Mengen an Wasser, abhängig von den vorherrschenden klimatischen Verhältnissen im Anbaugebiet. Tabelle 4 veranschaulicht unterschiedliche Produkte und das virtuelle Wasser, welches sie beinhalten:

Tabelle 4: Virtuelle Wassergehalte (l)

1 l Apfelsaft	900
1 l Cola	9
1 Tasse Kaffee	140
1 Tasse Tee	35
1 l Milch	1 000
1 l Bier	300
1 kg Käse	5 300
1 kg Rindfleisch	15 000
1 kg Schweinefleisch	4 600
1 kg Hühnerfleisch	4 100
1 DIN A4-Blatt Papier	10
1 Paar Lederschuhe	8 000
1 Baumwoll T-Shirt	15 000
1 Auto	450 000

Quelle: Katzmann (2007, 195)

Je nach Land und Region und den dort vorherrschenden klimatischen, topographischen, regionalen, technologischen und gesellschaftlichen Bedingungen lassen sich unterschiedliche Werte für virtuelles Wasser berechnen. Die folgende Tabelle veranschaulicht diese. Beispielsweise hat die Produktion von Baumwolle in Indien im Vergleich zu Australien einen wesentlich höheren Wasserbedarf, was auf die örtlichen Wasserbedingungen zurückzuführen ist (Aschoff, 2007, 29ff).

Tabelle 5: Virtueller Wassergehalt je Produktart und Land (m^3/t)

	USA	China	Indien	Indonesien	Australien	Brasilien	Mexiko	Weltdurch-schnitt
Saatbaumwolle	2 535	1 419	8 264	4 453	1 887	2 777	2 127	3 644
Rohbaumwolle	5 733	3 210	18 694	10 072	4 268	6 281	4 812	8 242

Quelle: Hoekstra und Chapagain (2007, 40)

Oftmals wird der Begriff virtuelles Wasser fälschlich als „Wasserbedarf" definiert. Der Wasser*bedarf* weicht laut Hoekstra und Chapagain (2008, 8f) vom Wasser*verbrauch* ab. Der Wasserbedarf ist ein sogenannter Planungswert für die voraussichtlich benötigte Wassermenge, während der Wasserverbrauch die tatsächlich verwendete Wassermenge beschreibt (Neunteufel et al., 2012, 29).

Oki und Kanae (2004, 203ff) argumentieren, dass der virtuelle Wassergehalt eines Produkts nicht im Bereich der Produktion, sondern anhand des Konsums ermittelt werden sollte. Hier ist virtuelles Wasser als jene erforderliche Wassermenge definiert, welche *im Land des Konsums* für die Produktion benötigt worden wäre. In diesem Fall ist virtuelles Wasser genaugenommen ein hypothetischer Bedarf, nicht eine tatsächliche Menge, die auch empirisch schwer nachweisbar wäre.

Beim Konzept des virtuellen Wassers handelt es sich um ein Vorgängermodell des Water Footprints, das vorrangig den virtuellen Wasserhandel berücksichtigt. Im Unterschied zum Water Footprint beinhaltet die Berechnung keine Informationen über die eigentliche Herkunft des Wassers und keine genauere Unterteilung in unterschiedliche Kategorien (siehe Kapitel 5.4).

Virtuelles Wasser beschreibt die im Produkt enthaltene Wasser*menge*, während der Water Footprint tiefer greift und in blaues, grünes und graues Wasser unterteilt. Auch Zeitpunkt und Ort der Wasserverwendung werden beim virtuellen Wasser nicht in diesem Ausmaß berücksichtigt. Der Begriff virtuelles Wasser wird vor allem im Kontext mit Im- und Exporten von Produkten sowie Handelsströmen verwendet (Hoekstra et al., 2011, 46).

5.4 Water Footprint

Im Allgemeinen wird der Water Footprint wie folgt definiert: „Der Wasserfußabdruck einer Person ist die Gesamtmenge an Süßwasser, die benötigt wird, um die Nahrungsmittel und Dienstleistungen zu produzieren, die von dieser Person verbraucht werden" (Katzmann, 2007, 187). Der Water Footprint ist auch ein Begriff, der die Wassermenge zur Herstellung eines Produkts beschreibt. In diesem Sinn kann man auch vom „virtuellen Wassergehalt" eines Konsumguts sprechen (Hoekstra et al., 2011, 167). Dieses Messinstrument unterteilt in die Kategorien blaues, grünes und graues Wasser. Ziel ist die Aufdeckung des Zusammenhangs zwischen menschlichem Konsum und den globalen Wasserressourcen (Mekonnen und Hoekstra, 2011, 157f).

Mit der blauen und grauen Water Footprint Komponente wird nach der genauen Herkunft des Wassers unterschieden, wobei „grün" Wasserressourcen aus Niederschlägen bezeichnet und „blau" die Entnahme aus Oberflächengewässern und dem Grundwasser definiert. Der „graue" Water Footprint beschreibt die Verschmutzung des Wassers und somit die Wasserqualität (Dourte und Fraisse, 2012, 4).

Durch die Veranschaulichung des versteckten Wasserverbrauchs soll die Bevölkerung für das globale Problem der begrenzten Süßwasserreserven sensibilisiert werden. Ein verstärktes Verständnis sollte letztlich zu einem besseren Management der Trinkwasserreserven auf der Erde führen. Ein besonders instruktives Beispiel ist die Erzeugung von Baumwolle mit ihrem hohen Wasserverbrauch in der gesamten Produktionskette bis zum Endprodukt (Hoekstra et al., 2011, 1ff).

Bei der ersten Studie zu diesem Thema von Hoekstra und Hung (2002) handelt es sich um eine globale Studie, die sich mit den virtuellen Wasserflüssen durch den Austausch von Waren zwischen Ländern beschäftigt. In den darauffolgenden Jahren wurden erste Studien publiziert, die sich mit der Berechnung von einzelnen Produkten beschäftigen. Erwähnenswert ist vor allem die Studie von Chapagain et al. (2006) über den Wasserverbrauch des Baumwollkonsums. Weitere Water Footprint Studien wurden in den letzten Jahren über Produkte wie Tee, Kaffee, tierische und verschiedenste landwirtschaftliche Erzeugnisse veröffentlicht.

Im Laufe der Zeit wurden auch zahlreiche Studien über nationale Water Footprints nach dem Schema von Hoekstra und Chapagain (2008) veröffentlicht, wie beispielsweise Hoekstra und Chapagain (2007) oder Fallstudien zu China, Indien, Deutschland, Spanien, etc.

In dem Handbuch von Hoekstra et al. (2011) finden sich zusätzlich noch Anleitungen zur Berechnung von Water Footprints von Konsumenten, speziellen geographischen Arealen und Flusseinzugsgebieten, Gemeinden und Provinzen oder von Betrieben und Firmen. Zahlreiche Fallstudien und Informationen über den Water Footprint sind auf der offiziellen Internetseite der Non-Profit Organisation Water Footprint Network unter www.waterfootprint.org zu finden.

5.4.1 Definition

Der Water Footprint ist ein multidimensionaler Indikator für den Verbrauch von Süßwasserressourcen und kann sowohl den direkten als auch den indirekten Wasserverbrauch berücksichtigen. Für die Berechnung des Water Footprints eines Produkts wird die Menge an Süßwasser gemessen, die zur Herstellung des Produkts verwendet worden ist. Unterteilt wird der Water Footprint in drei unterschiedliche Kategorien: blaues, grünes und graues Wasser (siehe Kapitel 5.4.3, 5.4.4 und 5.4.5.). Er bietet somit eine breitere Perspektive an und erfasst die Menge des Wasserverbrauchs und den Verschmutzungsgrad. Allerdings wird nicht die Schwere von lokalen Umweltauswirkungen durch zu hohen Wasserverbrauch und durch Verschmutzung gemessen. Diese sind von unterschiedlichen Faktoren abhängig, wie der Vulnerabilität des örtlichen Wassersystems oder der Anzahl an Wasserkonsumenten und -verschmutzern, und aus diesen Gründen schwer ermittelbar.

Süßwasser ist eine beschränkte Ressource, deren jährliche Verfügbarkeit limitiert ist und deren Nachfrage zunehmend ansteigt. Der Water Footprint soll helfen die Beziehung zwischen dem alltäglichen Konsum von Produkten und den Problemen der Wasserverfügbarkeit und Verschmutzung an den Produktionsstätten zu verstehen und die Menschen dafür zu sensibilisieren. Nahezu jedes Konsumprodukt hat einen kleineren oder größeren Water Footprint, der sowohl für Konsumenten als auch Produzenten interessant sein sollte. Ein Water Footprint gilt als nachhaltig, wenn er unter dem globalen Durchschnitt liegt, keiner der Produktionsprozesse an einem lokalen Hotspot, also einer wasserarmen Region, stattfindet und keine Komponente des gesamten Water Footprints reduziert oder unter zumutbaren Kosten vermieden werden kann (Hoekstra et al., 2011, 2ff).

5.4.2 Water Footprint Assessment

Das Water Footprint Assessment dient der Quantifizierung und Festlegung des Water Footprints eines Prozesses, Produkts, Produzenten, Konsumenten oder dem Water Footprint in einem bestimmten geographischen Areal. Die ökologische, soziale und ökonomische Nachhaltigkeit kann daher gemessen, sowie eine Reaktionsstrategie festgelegt werden. Ziel ist es zu analysieren, wie menschliche Aktivitäten oder spezifische Produkte zu Wasserknappheit oder

Verschmutzung führen können. Aktivitäten und Produkte sollen dadurch nachhaltiger gestaltet werden können.

Die genaue Ausführung des Water Footprint Assessments hängt vom Interessensschwerpunkt ab. Wie in Abbildung 1 ersichtlich ist, handelt es sich um eine analytische Vorgangsweise, die in vier unterschiedliche Phasen unterteilt wird:

1. Zielsetzung und Anwendungsbereich,
2. Water Footprint Berechnung,
3. Water Footprint Nachhaltigkeitsassessment und
4. Water Footprint Reaktionsformulierung.

Es ist dabei zu beachten, dass es nicht notwendig ist alle Phasen innerhalb einer Studie zu bearbeiten. In der Praxis handelt es sich bei dem Phasenmodell eher um einen Leitfaden, nicht um eine zwingende Vorgehensweise.

Abbildung 1: Vier Phasen des Water Footprint Assessments

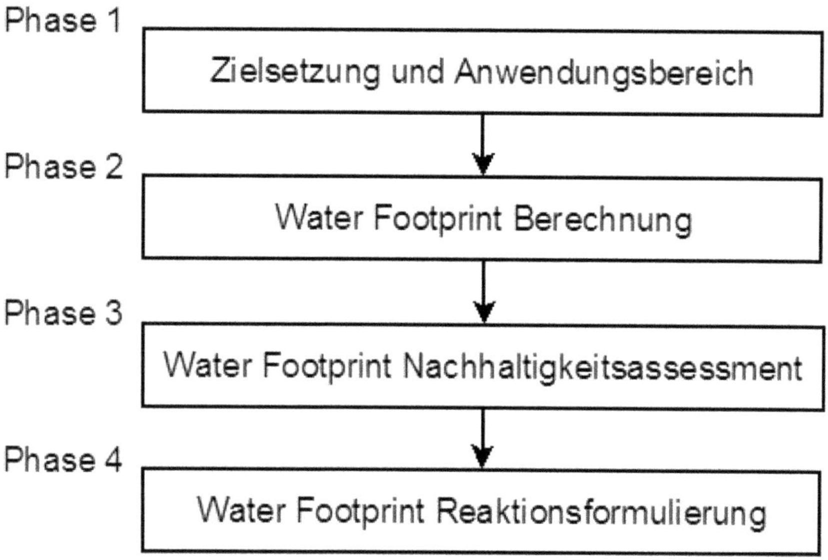

Quelle: Hoekstra et al. (2011, 4)

Die Basis für alle Water Footprint Berechnungen ist, wie in Abbildung 2 ersichtlich, der Water Footprint einer Prozessstufe, welcher Ausgangspunkt für alle weiteren Berechnungen dieser Kenngröße ist. Um den Water Footprint eines Produkts zu errechnen, müssen sämtliche für die Produktion relevanten Prozessstufen entlang der Supply Chain aufsummiert werden (Hoekstra et al., 2011, 3ff).

Abbildung 2: Übersicht des Water Footprint-Berechnungsschemas

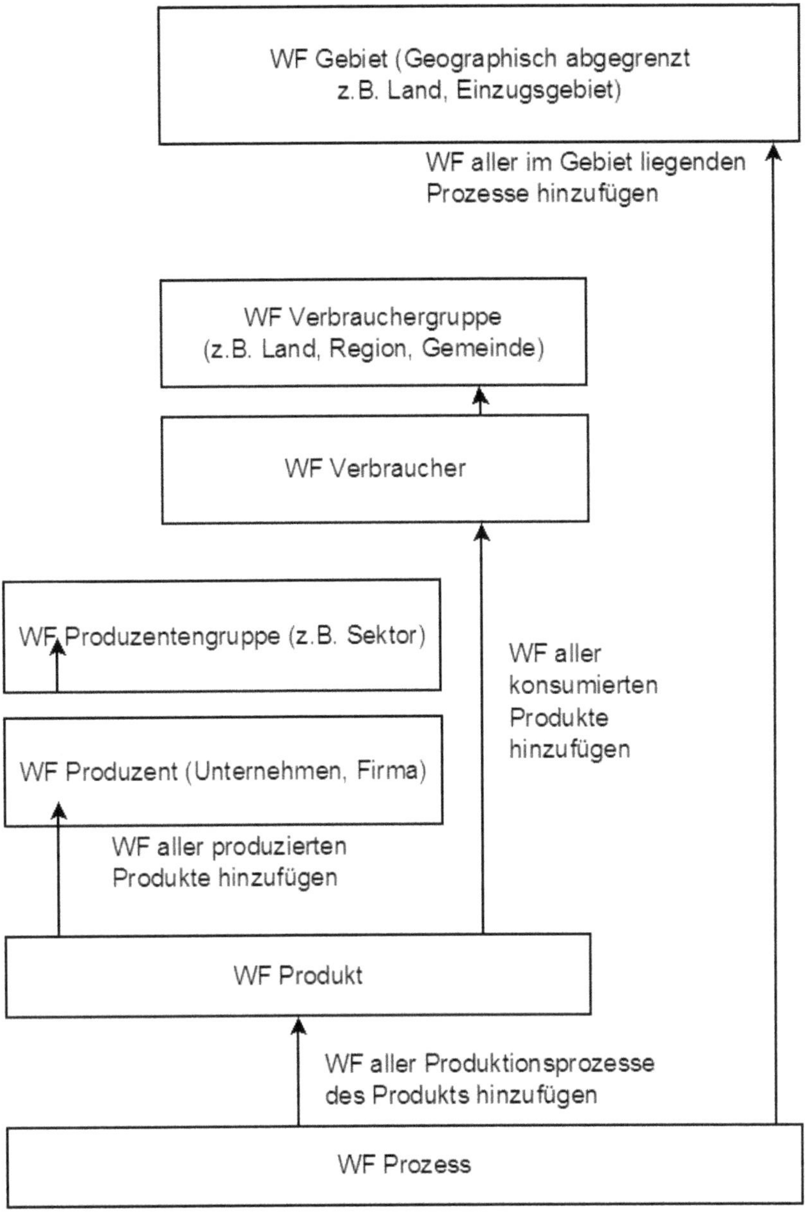

Quelle: Hoekstra et al. (2011, 22)

5.4.3 Blauer Water Footprint

Der blaue Water Footprint ist ein Indikator für den Verbrauch von „blauen“ Wasserressourcen, wie Oberflächengewässer und Grundwasser, die im Laufe der Herstellung eines Produkts beansprucht werden. Unter Wasserverbrauch werden in diesem Fall folgende Vorgänge verstanden:

- Wasser verdunstet,
- Wasser wird in ein Produkt eingebunden,
- Wasser kehrt nicht in das ursprüngliche Einzugsgebiet zurück,
- Wasser kehrt nicht in derselben Zeitperiode zurück.

Die Verdunstung ist der signifikanteste Faktor für den Water Footprint. Allerdings sollten die anderen drei Faktoren auch miteinbezogen werden, da sie für das Ergebnis relevant sein könnten.

Blaue Wasserressourcen sind knapper und haben höhere Opportunitätskosten als grüne Wasserressourcen. Vorrangig sollte der Verbrauch dieser in wasserarmen Gebieten vermieden werden. Langfristig ist eine generelle Reduktion des Wasserverbrauchs von blauen Ressourcen auch in wasserreichen Gebieten anzustreben, denn die eingesparte Wassermenge – beispielsweise durch optimierte Produktionsprozesse – kann entweder für eine Produktionssteigerung oder für die Herstellung anderer Produkte verwendet werden (Hoekstra et al., 2011, 23ff).

In der Landwirtschaft wird unter blauem Wasser die künstliche Bewässerung verstanden. Das für die Bewässerung benötigte Wasser wird aus dem Grundwasser oder aus Oberflächengewässern entnommen. Es handelt sich hierbei um die künstlich zugeführten Wassermengen, sowie die vom Boden und von den Pflanzen verdunsteten Wasseranteile. Hohe Anteile von blauem Wasser wirken sich problematisch auf den Water Footptrint aus und sind vor allem in wasserarmen Regionen als negativ zu beurteilen (Matzke, 2011, 5). In diesen Gebieten werden landwirtschaftliche Flächen in regenarmen Zeiten oftmals mit Grundwasser bewässert, um den fehlenden Niederschlag zu kompensieren. Es kommt dabei zu einer wesentlich höheren Entnahme, welche nicht mehr durch Regenwasser – grünes Wasser – ersetzt werden kann. Die Folge ist das Sinken des Grundwasserspiegels und in weiterer Folge das Austrocknen von Feuchtgebieten, Lagunen u.a. vom Wasser abhängigen Ökosystemen. In der Folge kommt es zur Versalzung und Versteppung der Landschaft (Reller und Holdinghausen, 2011, 32).

5.4.4 Grüner Water Footprint

Als „grüne“ Wasserressourcen werden Niederschläge (Regenwasser) bezeichnet. Der grüne Water Footprint ist ein Indikator für den Niederschlag, welcher im

Boden zurückgehalten und gespeichert wird oder temporär auf der Bodenoberfläche oder den Pflanzen verbleibt (Hoekstra et al., 2011, 29f). Im agrarischen Anbau ist mit grünem Wasser der Anteil des Niederschlags gemeint, der von den Pflanzen aufgenommen oder von der Anbaufläche direkt verdunstet wird (Matzke, 2011, 5).

Auch der grüne Water Footprint sollte nach Möglichkeit reduziert werden, da grüne Ressourcen ebenfalls begrenzt sind. Niederschläge sind zwar frei verfügbar, aber nicht unbegrenzt und an manchen Orten oder zu bestimmten Jahreszeiten können diese besonders selten sein. Nicht alle Niederschläge können für die Agrarwirtschaft verwendet werden, da Teile davon für die Erhaltung der natürlichen Landschaft erforderlich sind.

In niederschlagsreichen Regionen sollte die Produktion mit grünen an Stelle von blauen Wasserressourcen angestrebt werden, da der grüne Anteil in diesem Fall als positiv einzustufen ist. Eine zusätzlich effizientere Nutzung in diesen Gebieten trägt zur Steigerung der Produktion von niederschlagsgespeisten Produkten bei und verringert gleichzeitig die Herstellung mit blauen Wasserressourcen in wasserarmen Regionen (Hoekstra et al., 2011, 158f).

5.4.5 Grauer Water Footprint

Der graue Water Footprint soll die Verschmutzung des Wassers verdeutlichen und somit die Beeinträchtigung der Wasserqualität. Darunter wird jene Wassermenge verstanden, die benötigt wird, um Abwässer so weit zu verdünnen, dass die jeweiligen Grenzwerte eingehalten werden. Grundlage sind die natürlichen Konzentrationen der lokalen Wasserkörper und die vorherrschenden Wasserqualitätsstandards (Hoekstra und Chapagain, 2008, 106f). Wasser hat in diesem Fall nicht nur die Rolle einer Ressource, sondern ist ein System für die Assimilation von Abfällen (Chapagain et al., 2006, 187). Beispielsweise gelangen beim Anbau von Nahrungsmitteln Dünge- und Pflanzenschutzmittel in die Oberflächengewässer und ins Grundwasser. Um den Anteil des belasteten Wassers zu neutralisieren ist eine gewisse „Verdünnungsmenge“ an Wasser notwendig, welche als „graues“ Wasser beschrieben wird oder als sogenannter „Verschmutzungskoeffizient“ (Matzke, 2011, 5).

Die Idee einer Verschmutzungskategorie ist nicht neu und wurde schon von Falkenmark und Lindh (1974, 122) als wichtiger Faktor bezeichnet. Der Terminus grauer Water Footprint wurde erstmals von Hoekstra und Chapagain (2008) erwähnt; allerdings veränderte sich die Berechnungsart im Laufe der Jahre. Die frühere Bezeichnung als Verwässerungsbedarf sorgte laut Hoekstra et al. (2011, 31) für Verwirrung, da angenommen wurde, nicht die Reduktion der Emissionen würde im Vordergrund stehen, sondern eine Abmilderung mittels Verdünnung.

Eine Reduktion des grauen Water Footprints ist anzustreben und möglich durch eine Herabsetzung des Einsatzes von Düngemitteln u.Ä. beim landwirtschaftlichen Anbau oder durch Wasserrecycling und Abwasserbehandlung bei industriellen Prozessen (Hoekstra et al., 2011, 30ff). Laut Lindenthal (s.a., 1) ist graues Wasser von hoher ökologischer Relevanz, da der Verunreinigung von Gewässern eine hohe nationale, internationale und globale Bedeutung zuzumessen ist. Durch den erheblichen Einsatz von Pestiziden beim konventionellen Baumwollanbau gelangt ein großer Teil dieser letztendlich auch in die Nahrungskette. Stickstoffdünger wird teilweise von den Pflanzen aufgenommen und mittels Denitrifikation als N_2 (molekularer Stickstoff) in der Atmosphäre freigesetzt. Teile des Stickstoffs sickern ins Grundwasser oder werden durch den Oberflächenabfluss ausgewaschen. In Wasserkörpern führen hohe Stickstoffkonzentrationen zu vermehrtem Algenwachstum und daher zu einer Beeinträchtigung der Trinkwasserqualität (Eutrophierung) (Chapagain et al., 2006, 192).

Diese negativen Auswirkungen dürfen nicht außer Acht gelassen werden. Allerdings werden die positiven Auswirkungen von biologisch kultivierten Flächen nicht berücksichtigt. Unter anderem bleiben die Steigerung der Biodiversität und die Verbesserung der Bodenfruchtbarkeit unerwähnt, auch weitere Auswirkungen auf die regionale Wertschöpfung, der Verzicht auf Gentechnik und die Vorzüge von Bioprodukten werden nicht genannt (Lindenthal, s.a., 1).

5.4.6 Water Footprint von Baumwolle

In zahlreichen Entwicklungsländern ist Baumwolle eine der bedeutendsten Kulturpflanzen, welche vor allem durch ihren Export eine enorme wirtschaftliche Bedeutung hat. Weltweit wird Baumwolle in etwa 80 Ländern angebaut, wobei die größten Erzeugerländer – wie bereits erwähnt – China, die USA, Indien und die ehemaligen GUS Staaten sind. Die wichtigsten Exporteure sind die USA und die ehemaligen GUS Staaten, gefolgt von Pakistan, der Türkei, Mexiko und Ägypten (Paulitisch et al., 2004, 17f).

Frühere Studien über die Auswirkungen der Baumwollproduktion auf den Wasserhaushalt berücksichtigten lediglich die Auswirkungen der *industriellen* Verfahren der textilen Produktionskette. Die Auswirkungen der landwirtschaftlichen Produktion wurde nicht berücksichtigt (Ren, 2000, 473). Andere wissenschaftliche Studien bedienten sich der Ökobilanz, die alle Produktionsstadien einschließt, allerdings liegt dafür das Gewicht mehr auf der verwendeten Methodik, weniger auf der Quantifizierung der Auswirkungen (Proto et al., 2000, 173; Seuring, 2004, 1059).

Für die Berechnung eines Water Footprints ist die genaue Kenntnis der Gegebenheiten bei der Herstellung des zu untersuchenden Produkts notwendig.

Am Beispiel der Baumwolle, die auch für diese Fallstudie herangezogen wurde, werden die Beziehungen zwischen den einzelnen Produktionsschritten und ihren Auswirkungen auf die Umwelt in der folgenden Abbildung 3 dargestellt. Der Konsum von Baumwollerzeugnissen ist mit verschiedenen Einflüssen auf die Wasserressourcen in jenen Ländern verbunden, in denen die landwirtschaftlichen und industriellen Produktionsvorgänge stattfinden.

Abbildung 3: Umweltwirkungen bei der Herstellung von Baumwollprodukten

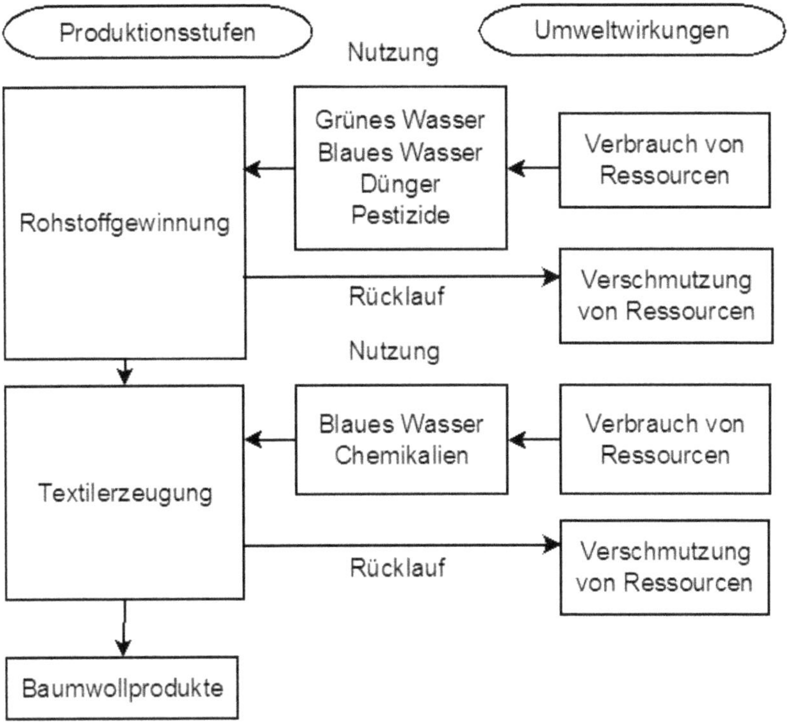

Quelle: Hoekstra und Chapagain (2008, 106)

Man unterscheidet zwischen zwei wesentlichen Prozessstufen. Auf der ersten, die sich mit der Rohstoffgewinnung beschäftigt, wirken drei Arten von Einflüssen auf den Water Footprint:

- Niederschläge,
- Grund- und Oberflächengewässer,
- Wasserverschmutzung.

Die ersten beiden Faktoren dienen der Bewässerung der Baumwolle. Die Wasserverschmutzung bezeichnet die qualitative Beeinträchtigung der Wasserressourcen durch Düngemittel und Pestizide. Die Wasserqualität wird sowohl durch die Methode des Anbaus, als auch durch die Form der Verarbeitungsprozesse beeinflusst. Bei der Kultivierung von Baumwolle hängt die Art des Einflusses von den eingesetzten Mengen an Nährstoffen und Pestiziden ab. Stickstoff, Phosphor, Kalium und Chemikalien gelangen in das Grundwasser sowie in Oberflächengewässer.

Die zweite Stufe beschäftigt sich mit der Textilerzeugung, die sämtliche industrielle Vorgänge umfasst. Hier gibt es zwei Einflüsse:

- Grund- und Oberflächengewässer,
- Wasserverschmutzung.

Die Prozesse benötigen bis zum fertigen Produkt erhebliche Mengen an Wasser, wobei die Grenzwerte für die unterschiedlichen Abwasserinhaltsstoffe sehr unterschiedlich sind. Das Grund- und Oberflächengewässer wird für die Verdunstung von „blauem“ Wasser im Rahmen der Produktion herangezogen. Dessen Kontaminierung in Form von „grauem“ Wasser ist das Ergebnis des Verarbeitungsprozesses (Hoekstra und Chapagain, 2008, 104ff).

Oft sind diese Produktionsstufen in unterschiedlichen Regionen angesiedelt. Malaysia beispielsweise verarbeitet Baumwolle aus Ländern wie China, Indien und Pakistan und exportiert die gefertigten Produkte dann auf den europäischen Markt. Aus diesem Grund ist es notwendig, die Ursprünge des Produktes zurückzuverfolgen, da der Wasserverbrauch für die Produktion von Baumwolle je nach Land stark variieren kann. Aufgrund der hohen Verdunstung sind Syrien, Ägypten, Turkmenistan, Usbekistan und die Türkei am wenigsten geeignet. Die besten Bedingungen liegen in den USA und Brasilien vor. Dort sind die klimatischen Bedingungen optimal und es kann auf Bewässerung gänzlich verzichtet werden. Indien und Mali nehmen eine Sonderstellung ein, da nur teilweise bewässert werden muss. Man unterscheidet daher zwischen wasserintensiven Ländern und wasserextensiven Ländern.

Fast die Hälfte der weltweiten Baumwollfelder wird künstlich bewässert. Baumwolle wird meistens in mediterranen Klimazonen angebaut, in denen die Süßwasservorkommen bereits knapp sind. Beispiele für wasserarme Regionen, in denen Baumwolle kultiviert wird, sind Ägypten, Usbekistan und Pakistan. Oft wird auf Grundwasserreserven zurückgegriffen, in manchen Fällen wird allerdings auch nur mit Bewässerung ergänzt (Chapagain et al., 2006, 187).

B. Empirischer Teil

Der empirische Teil dieser Studie umfasst die Berechnung des Water Footprints anhand eines Fallbeispiels aus der Ökobranche, das nach sozialen und ökologischen Kriterien hergestellt wurde. Das Ergebnis soll zeigen, ob die sonst vorbildliche Herstellung auch aus Sicht des Wasserverbrauchs als nachhaltig bezeichnet werden kann. Dabei soll die Vorgehensweise dokumentiert und die Praxistauglichkeit des Water Footprints beurteilt werden.

Das folgende Kapitel beschreibt die Methode des Water Footprints und die erforderlichen Formeln für die Berechnung des blauen, grünen und grauen Water Footprints für ein Produkt. Anschließend erfolgt eine Einführung in das ausgewählte Produktbeispiel und wichtige Details für die Berechnung. Außerdem werden die relevanten Datenquellen, Annahmen und Ausschlüsse erläutert, die getroffen werden mussten.

6. Methode

In den folgenden Kapiteln wird die genaue Methode für die Berechnung eines Water Footprints vorgestellt. Da es sich bei der Fallstudie um ein Produkt handelt, für dessen Herstellung mehrere Prozesse erforderlich sind, werden entsprechende Formeln benötigt.

6.1 Water Footprint eines Produkts

Der Water Footprint eines Produkts ist jene Gesamtmenge an Wasser, die direkt oder indirekt zur Herstellung eines Produkts benötigt wird. Hoekstra et al. (2011, 13f) empfehlen, sowohl den direkten als auch den indirekten Water Footprint zu berechnen. Der *direkte* Water Footprint legt das Gewicht auf die Herstellung eines Produkts. Bei landwirtschaftlichen Produkten wird der Water Footprint in den Einheiten m^3/t oder l/kg ausgedrückt, aber auch die Angabe in Stück (eine Produkteinheit) ist möglich. Ein *indirekter* Water Footprint kann umfassender definiert sein, da sämtliche Faktoren entlang der textilen Kette, beispielsweise der Wasserverbrauch durch Waschen zu Hause oder der Transport, einbezogen werden.

In dieser Studie wird nur der direkte Water Footprint berechnet und umfasst die Herstellung des Produkts bis zum Zeitpunkt des Verkaufs. Eine indirekte Berechnung würde die Komplexität enorm steigern, da ab dem Verkauf mit zunehmenden Unsicherheiten gerechnet werden muss. Andere Fallstudien über Produkte, wie die von Mekonnen und Hoekstra (2011) oder Chapagain et al. (2006), messen ebenfalls den direkten Water Footprint bei der Herstellung.

Der Water Footprint eines Produkts kann dem Konsumenten relevante Informationen über den Wasserverbrauch bei der Herstellung des Konsumgutes geben oder politischen Entscheidungsträgern einen Eindruck vermitteln, auf welche Art und Weise Wasser durch In- und Exporte gehandelt wird (Dourte und Fraisse, 2012, 2). Für die Berechnung müssen die Art und Weise der Herstellung geklärt sein. Vorraussetzung ist daher die Kenntnis der einzelnen Prozessstufen. Bei der Berechnung selbst unterscheidet man zwei Ansätze: die Ketten-Summierung oder die schrittweise Akkumulation. Die vorliegende Arbeit bedient sich der ersten Methode, da diese sich aufgrund ihrer einfachen Handhabung für das Fallbeispiel besser eignet.

Für die Berechnung steht folgende Formel zur Verfügung: der Water Footprint eines Produkts (Volumen/Masse) ist gleich die Summe der Water Footprints aller relevanten Prozesse (Volumen/Zeit) geteilt durch die Produktionsrate des Produkts P (Masse/Zeit) (siehe Formel 2) (Hoekstra et al., 2011,46f).

Formel 2: Water Footprint eines Produkts

$$WF_{Produkt} = \frac{\sum_{s=1}^{k} WF_{Prozess}}{P}$$

Quelle: Hoekstra et al. (2011,48)

6.2 Water Footprint eines Prozesses

Da die Herstellung von Produkten aus mehreren Arbeitsvorgängen bestehen kann, ist eine Information über den jeweiligen Wasserverbrauch dieser erforderlich. Wie in Formel 3 dargestellt, ergibt sich der Water Footprint eines einzelnen Arbeitsvorgangs aus der Addition der grünen, blauen und grauen Komponenten der jeweiligen Prozesse (Volumen/Masse) (Hoekstra et al., 2011, 40). Die Formeln und Erläuterungen für diese Komponenten werden im Anschluss erklärt.

Formel 3: Water Footprint eines Prozesses

$$WF_{Prozess} = WF_{Prozess\ blau} + WF_{Prozess\ grün} + WF_{Prozess\ grau}$$

Quelle: Hoekstra et al. (2011, 40)

6.2.1 Blauer Water Footprint

Der blaue Water Footprint ist – wie bereits im theoretischen Teil beschrieben – ein Indikator für den Verbrauch von blauen Wasserressourcen, also von Oberflächengewässern und von Grundwasser. Er umfasst die in einem Produktionsabschnitt verbrauchte Wassermenge.

Die hier angeführte Formel 4 drückt die *allgemeine Berechnungsmethode* aus. Der blaue Water Footprint eines Prozesses ist die Summe aus der blauen Wasserverdunstung, der blauen Wassereinbindung und des Rücklaufverlustes (Volumen/Zeit). Der letzte Faktor bezieht sich auf jenen Teil des Wassers, der nicht mehr am selben Ort oder zur selben Zeit verfügbar ist.

Formel 4: Blauer Water Footprint

$$WF_{blau} = Wasserverdunstung + Wassereinbindung + Rücklaufverlust$$

Quelle: Hoekstra et al. (2011, 26)

Für die Berechnung von *landwirtschaftlichen* Arbeitsvorgängen, wie etwa dem Baumwollanbau, wird Formel 5 benötigt. Diese nimmt stärker auf den Anbau der Pflanzen Bezug. In diesem Fall ergibt sich der blaue Water Footprint eines landwirtschaftlichen Prozesses (Volumen/Masse) aus der Wassernutzung für den Anbau der Kultur CWU (Volumen/Fläche) pro Ernteertrag Y (Masse/Fläche).

Formel 5: Blauer Water Footprint einer landwirtschaftlichen Kultur

$$WF_{Prozess\ blau} = \frac{CWU_{blau}}{Y}$$

Quelle: Hoekstra et al. (2011, 41)

CWU steht für den englischen Begriff „Crop Water Use“ und wird durch die Aufsummierung der täglichen Evapotranspiration ET (Verdunstung in Länge/ Zeit) über die gesamte Anbauperiode berechnet (Formel 6).

Die Messung der Evapotranspirationen von landwirtschaftlichen Kulturen ist eine laboratorische Aufgabe. Für die Berechnung ist man deshalb auf Wasserbilanzmodelle angewiesen, die Klima-, Boden-, Anbaudaten und Informationen über die Bewässerungsumstände verwenden. Eine gut geeignete Datenbank mit unterschiedlichsten Kulturen und Einstellungen wird von der FAO (Food and Agriculture Organization) zur Verfügung gestellt und kann für Water Footprint Berechnungen herangezogen werden (Hoekstra et al., 2011, 27).

Formel 6: Berechnung von CWU blau

$$CWU_{blau} = 10 \times \sum_{d=1}^{Anbauperiode} ET_{blau}$$

Quelle: Hoekstra et al. (2011, 41)

Bei der *industriellen* Verarbeitung gilt es zu eruieren, wie viel Wasser zu Beginn des Prozesses eingebracht wird, um Teil des Produkts zu werden, und welche Wassermenge diesen Prozess wieder verlässt. Da derartige Daten oftmals nicht zur Verfügung stehen, wird der Water Footprint in diesem Fall durch die

Differenz zwischen der Entnahmemenge und dem Abwasseranfall (Volumen/Masse) gebildet (Formel 7) (Hoekstra und Chapagain, 2008, 155).

Formel 7: Blauer Water Footprint eines industriellen Prozesses

$$WF_{Prozess\ blau} = V_{ein} - V_{aus}$$

Quelle: Hoekstra und Chapagain (2008, 155)

Ein Faktor, der ebenfalls den blauen Water Footprint beeinflusst, ist die Abwasserbehandlung. Die Reinigung und Wiederverwendung des Abwassers kann sich positiv auf des Water Footprint (Reduktion) auswirken, jedoch nur wenn der Wasserverbrauch *insgesamt* verringert wird und die jeweiligen Arbeitsvorgänge vor Ort stattfinden. Dies trifft auch auf den grauen Water Footprint zu.

Daten für derartige Berechnungen sind schwer zu bekommen, speziell in der Textilbranche, da man dabei meistens auf die Kooperation der Industrie angewiesen ist. Am empfehlenswertesten ist den Kontakt mit den Herstellern zu suchen oder sich an die regionale oder globale Organisation der jeweiligen Handelsbranche zu wenden. Im Idealfall kann man auf Datengrundlagen zurückgreifen, die typische Angaben über den Wasserverbrauch für verschiedene Arten von Verarbeitungsprozessen enthalten (Hoekstra et al., 2011, 23ff).

6.2.2 Grüner Water Footprint

Unter grünem Wasser versteht man Niederschläge, die vor allem zur Bewässerung von landwirtschaftlichen Flächen genutzt werden. Die *allgemeine Berechnung* für den grünen Water Footprint einer Prozessstufe ergibt sich wie in Formel 8 aus der Addition der Wasserverdunstung und der Wassereinbindung grüner Wasserressourcen (Volumen/Zeit).

Formel 8: Grüner Water Footprint

$$WF_{grün} = Wasserverdunstung + Wassereinbindung$$

Quelle: Hoekstra et al. (2011, 30)

Da vorwiegend land- und forstwirtschaftliche Arbeitsvorgänge betroffen sind, wird in der Praxis häufig auf Formel 9 zurückgegriffen, welche speziell auf die Berechnung *landwirtschaftlicher* Kulturen abgestimmt ist. Diese wird aus dem Verhältnis der Wassernutzung für den Anbau (Volumen/Fläche) und dem Ernteertrag Y (Masse/Fläche) gebildet.

Formel 9: Grüner Water Footprint einer landwirtschaftlichen Kultur

$$WF_{Prozess\ grün} = \frac{CWU_{grün}}{Y}$$

Quelle: Hoekstra et al. (2011, 41)

Der Faktor CWU (Volumen/Fläche) wird durch die Aufrechnung der täglichen Evapotranspiration ET (Länge/Zeit) über die gesamte Anbauperiode bestimmt.

Formel 10: Berechnung von CWU grün

$$CWU_{grün} = 10 \times \sum_{d=1}^{Anbauperiode} ET_{grün}$$

Quelle: Hoekstra et al. (2011, 41)

In der Landwirtschaft ist der grüne Wasserverbrauch am besten mit einem passenden Anbaumodell zu berechnen, um die Evapotranspiration der betroffenen Kultur schätzen zu können. Klimadaten bilden die Grundlage, sowie Boden- und Bestandseigenschaften. Ein geeignetes Modell stellt die FAO mit dem sogenannten CROPWAT 8.0 Programm zur Verfügung, das auch für den blauen Water Footprint verwendet werden kann (Hoekstra et al., 2011,30ff).

6.2.3 Grauer Water Footprint

Neben der blauen und grünen Kategorie gibt es noch den grauen Water Footprint, der ein Indikator für den Grad der Wasserverschmutzung ist. Die *allgemeine Berechnung* erfolgt durch die Division der Belastung L (Masse/Zeit) durch die Differenz der Wasserqualitätsstandards. Die natürliche Konzentration c_{nat} (Masse/Volumen) wird von der maximal zu akzeptierenden Konzentration c_{max} (Masse/Volumen) abgezogen. Daraus errechnet sich, wie viel vorhandenes Wasser zum Verdünnen des Schadstoffes notwendig ist, damit dieser im Wasserkörper die Konzentration des Grenzwerts erreicht.

Formel 11: Grauer Water Footprint

$$WF_{Prozess\ grau} = \frac{L}{c_{max} - c_{nat}}$$

Quelle: Hoekstra et al. (2011, 32)

Für die Berechnung des Water Footprints einer *landwirtschaftlichen* Kultur wird Formel 12 benötigt. Die durchschnittliche Düngungsrate AR während eines Anbauzyklus (Masse/Fläche) wird multipliziert mit α, welche die Ablauffraktion von beispielsweise Stickstoff beschreibt. Der Betrag wird durch die Differenz der maximal akzeptablen Konzentration c_{max} (Masse/Volumen) und der natürlichen Konzentration c_{nat} (Masse/Volumen) geteilt. Der gesamte Betrag wird durch den Ernteertrag Y (Masse/Fläche) dividiert.

Formel 12: Grauer Water Footprint einer landwirtschaftlichen Kultur

$$WF_{Prozess\ grau} = \frac{(\alpha \times AR) / (c_{max} - c_{nat})}{Y}$$

Quelle: Hoekstra et al. (2011, 41)

Die natürliche Konzentration eines Wasserkörpers ist jene Konzentration, die ohne menschliche Beeinträchtigungen im Einzugsgebiet vorliegen würde. Falls die natürliche Konzentration nicht genau bekannt ist, aber gering eingeschätzt wird, empfiehlt es sich diesen Faktor mit Null anzusetzen. Allerdings muss dabei bedacht werden, dass dies in einer Unterschätzung des grauen Water Footprints resultieren kann. Werden mehrere Schadstoffe in den Emissionen gefunden, wird der jeweils bedenklichste für den grauen Water Footprint herangezogen (Hoekstra et al., 2011,30ff).

6.3 Methodik

Um die Reproduzierbarkeit der Berechnungen zu gewährleisten, werden an dieser Stelle die allgemeine Vorgangsweise und die einzelnen Arbeitsschritte erläutert, wobei der Fokus auf der Nutzung der Datenbank CLIMWAT 2.0 und des Computerprogramms CROPWAT 8.0 der FAO für die Berechnung des blauen und grünen Water Footprint des Baumwollanbaus liegt. Die anderen Berechnungen wurden mittels einer Exceldatei getätigt auf welche an dieser Stelle nicht genauer eingegangen wird.

Literaturstudium

Zu Beginn wurde eine gründliche Literaturrecherche über die Herstellung des zu untersuchenden Produkts durchgeführt. Auf Basis der zur Verfügung stehenden Literatur über die Supply Chain von Textilien bzw. der Water Footprint Methode wurden die wichtigsten Prozesse der Herstellung identifiziert.

Datenerhebung

Zur Verwendung der Berechnungsformeln wurde nach geeigneten Daten recherchiert. Eine Reihe instruktiver Datenverweise sind unter Hoekstra et al. (2011, 44f) aufgelistet.

Bei der Datenrecherche wurden die folgenden Informationen aus unterschiedlichen Literaturquellen entnommen:

- Ort des Anbaus (Land und Region)
- Bewässerungsformen
- Düngung
- Ablauffraktion (Stickstoff)
- Ertrag
- Bodentyp
- Wasserqualitätsstandards
- Natürliche Konzentrationen der Wasserkörper.

Die Datenrecherche über die industriellen Verarbeitungsprozesse gestaltete sich zeitaufwändiger und diffiziler. Mangels Sensibilisierung für die Thematik des Water Footprints und aus Kostengründen erhebt die Textilindustrie derartige Daten nur selten. Auch besteht eine geringe Bereitschaft zu einer konstruktiven Zusammenarbeit. Zwar gibt Hoekstra et al. (2011, 27) Anregungen für die Datengewinnung, der effizienteste Weg führt jedoch stets über eine Zusammenarbeit mit den entsprechenden Herstellern. Generell war die Kontaktaufnahme mit der zuständigen Handelsorganisation (EZA Fairer Handel) nützlich, da hier Interesse für eine derartige Berechnung und deren Ergebnisse besteht. Allerdings musste festgestellt werden, dass bisher keine erklärenden Daten von den zuständigen Textilunternehmen erhoben wurden. Deshalb wurde auf vergleichbare Daten aus anderen Studien zurückgegriffen. Im Laufe der Literatur- und Datenrecherche waren die folgenden Fragen zu beantworten:

- In welchem Land beziehungsweise welcher Region erfolgt die Verarbeitung?
- Wie viele unterschiedliche Arbeitsvorgänge existieren? Welche davon sind für eine Water Footprint Berechnung relevant?
- Wie hoch ist der Wasserverbrauch (Input) und wie viel Abwasser (Output) entsteht bei den einzelnen Prozeduren oder insgesamt (m^3/t)?
- Welche Art von Wasser wird verwendet? Niederschlag, Oberflächengewässer oder Grundwasser?
- Wie setzt sich das Abwasser zusammen? Welche Konzentrationen der Inhaltsstoffe liegen vor?

Für die Berechnung sind folgende relevante Daten zu recherchieren:

- Wasserverbrauch
- Abwasseranfall
- Zusammensetzung des Abwassers
- Menge und Konzentration der Abwasserinhaltsstoffe
- Natürliche Konzentrationen der Wasserkörper
- Maximal akzeptierte Konzentrationen von Abwasserinhaltsstoffen (Grenzwerte).

CLIMWAT 2.0 for CROPWAT 8.0

Für den Water Footprint des Baumwollanbaus wurden Klimadaten für die Berechung der Evapotranspirationsrate benötigt. Die von der FAO zur Verfügung gestellte Datenbank CLIMWAT 2.0 for CROPWAT 8.0 wird in der Literatur für die Gewinnung der benötigten Klimadaten empfohlen (Hoekstra et al., 2011, 135ff). Hierbei handelt es sich um eine Klimadatenbank, die in Kombination mit dem Programm CROPWAT 8.0 verwendet werden kann. Es besteht die Möglichkeit entweder Koordinaten einzugeben oder das entsprechende Land und die Region auszuwählen. Eine genaue Anleitung findet man in Smith (1993).

Abbildung 4: Auswahl der Wetterstation in CLIMWAT 2.0

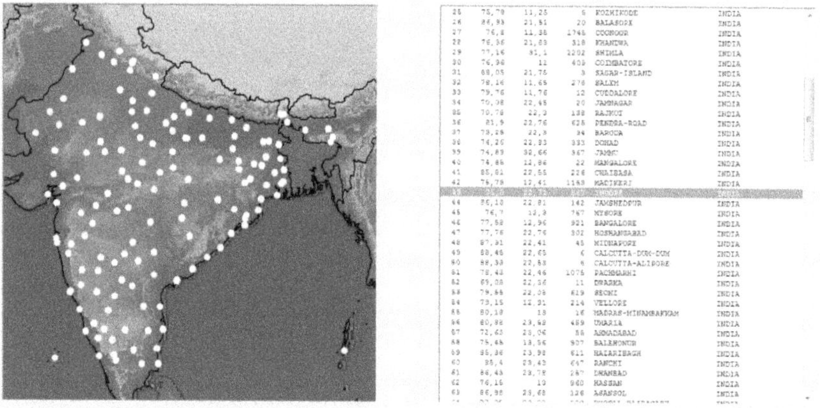

Quelle: FAO (2012a)

Wie in Abbildung 4 ersichtlich, wurden das Land (Indien) und die Region (Indore) ausgewählt. Der Vorteil dieser Datenbank liegt darin, dass auf qualitativ hochwertige Daten zurückgegriffen werden kann. Es handelt sich um langjährig gesammelte Datensätze (Hoekstra et al., 2011, 44).

CROPWAT 8.0

Im nächsten Schritt wurden die Klimadaten von CLIMWAT 2.0 in das Computerprogramm CROPWAT 8.0 geladen. Allen et al. (1998) liefert eine Einführung in das Arbeiten mit CROPWAT 8.0; FAO (s.a.) gibt ein anschauliches Beispiel zum besseren Verständnis.

CROPWAT 8.0 misst die Niederschlags- und Bewässerungsmenge für Länder und ist ein geeignetes Computerprogramm für die Berechnung des Wasserbedarfs von Pflanzen und notwendige Bewässerungsmengen aufgrund von Boden-, Klima- und Bestandsdaten. Zusätzlich können unterschiedliche Bewässerungssituationen und Bewirtschaftungsformen für verschiedenste Anbaupflanzen simuliert und berechnet werden. Auch sind Berechnungsmodelle ohne Bewässerung mittels Regenspeisung möglich. Bei den Datensätzen handelt es sich um langjährige Durchschnittsdaten (FAO, 2012a; FAO, 2012b). Abbildung 5 zeigt die monatlichen Evapotranspirationsraten (ET_0) in Indore, welche aufgrund von Temperatur, Feuchtigkeit, Sonnenstunden und Windgeschwindigkeit bestimmt wurden. Für die Berechnung sollten meteorologische Daten der nächstgelegenen Wetterstation verwendet werden (FAO, s.a., 3).

Abbildung 5: Klimatische Daten von Indore

Monthly ETo Penman-Monteith - C:\Program Files\CLIMWAT 2.0 for CROPWAT V2.0\My_CLIM...

Country: Location 43 — Station: INDORE

Altitude: 567 m. — Latitude: 22.71 °N — Longitude: 75.80 °E

Month	Min Temp	Max Temp	Humidity	Wind	Sun	Rad	ETo
	°C	°C	%	km/day	hours	MJ/m²/day	mm/day
January	9.8	26.5	42	147	8.0	15.8	3.57
February	11.4	28.8	28	190	8.7	18.6	4.94
March	16.2	34.3	17	242	9.2	21.6	7.18
April	21.2	38.7	13	311	9.6	23.8	9.67
May	24.4	40.4	22	432	9.8	24.8	11.77
June	24.1	36.2	61	458	7.1	20.7	7.66
July	22.6	30.3	84	458	3.5	15.2	3.98
August	21.9	28.2	87	406	4.1	15.6	3.47
September	21.1	30.9	81	285	5.4	16.6	4.05
October	18.1	32.4	49	147	8.3	18.7	4.76
November	13.9	29.7	46	121	8.4	16.6	3.80
December	10.6	26.9	50	121	8.1	15.3	3.17
Average	**17.9**	**31.9**	**48**	**276**	**7.5**	**18.6**	**5.67**

Quelle: FAO (2012b)

Anschließend wurde mittels CROPWAT 8.0 aus der Niederschlagsmenge (mm) der sogenannte Effektivniederschlag berechnet. Darunter versteht man jenen Teil des Niederschlags, welcher für die Kultur nutzbar ist und aus welchem letztendlich der Bewässerungsbedarf ermittelt wird (FAO, s.a., 6f).

Im nächsten Schritt wurde die entsprechende Kultur – in diesem Fall Baumwolle – aus einer Liste ausgewählt. Es ist anzumerken, dass möglicherweise bei anderen Water Footprint Berechnungen die gewünschte Erntefrucht nicht in dieser Liste aufscheinen könnte. Abbildung 6 zeigt das Datum des Anbaus und der Ernte sowie die Durchwurzelungstiefe.

Abbildung 6: Anbau- und Erntezeitpunkt von Baumwolle

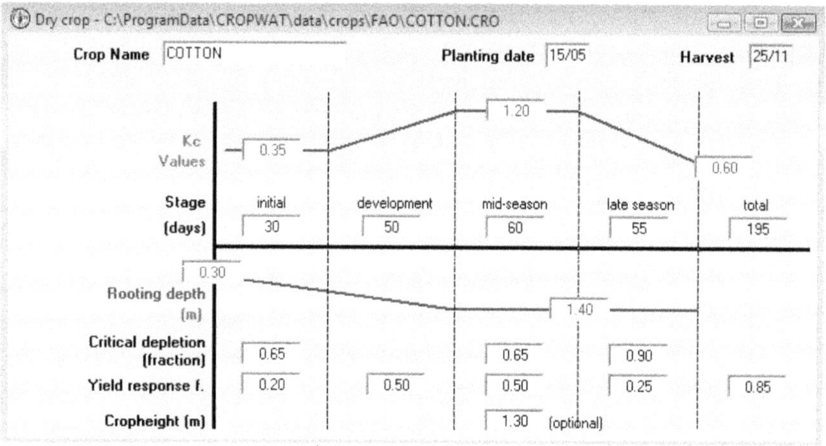

Quelle: FAO (2012b)

Die CWR Option (Crop Water Requirement) ermittelt den nötigen Bewässerungsbedarf für die Baumwollkultur. Hoekstra et al. (2011, 136f) gibt zu bedenken, dass die CWR Option eine Evapotranspiration veranschlagt, welche unter *optimalen* Konditionen zu Stande kommt. Das bedeutet, dass unter diesen Vorraussetzungen Evapotranspiration (ET_C) und Bewässerungsbedarf (CWR) gleich sind. Unter optimalen Bedingungen wird verstanden, dass der Bestand krankheitsfrei und gut gedüngt ist, das Wachstum auf einem großen Feld mit optimalem Boden sowie Wasserkonditionen stattfindet. Unter den gegebenen klimatischen Bedingungen kommt es zur höchsten Produktivität.

Die Bewässerungsplan Option (Irrigation Schedule Option) liefert detailliertere Ergebnisse als die CWR Option. Hier kann zwischen unterschiedlichen

Bewässerungsmodi ausgewählt werden. Szenarien wie Bewässerung bei Abbau (Depletion) oder keine Bewässerung (nur Niederschlag) können auf diese Weise durchgespielt werden. Allerdings werden für diese Option auch Informationen über den Bodentyp benötigt.

7. Fallstudie

Das Produktbeispiel für die Berechnung des Water Footprints wurde aus der Ökobranche gewählt. Es handelt sich um ein T-Shirt des Wiener Modelabels „Göttin des Glücks" (GDG). Das Unternehmen wurde 2005 in kleinem Rahmen gegründet und ist 2006 eine dauerhafte Kooperation mit EZA Fairer Handel eingegangen. EZA Fairer Handel ist Österreichs größte Fairtrade Handelsorganisation, welche auch die Zertifizierung der Mode mit dem Fairtrade und dem GOTS-Siegel ermöglichte. Mit sieben Mitarbeitern und zahlreichen ehrenamtlichen Helfern ist das Unternehmen zwar auf den ersten Blick klein geblieben, die Mode ist allerdings in drei eigenen Geschäften sowie in 40 Boutiquen und in 80 Weltläden erhältlich.

Um die Berechnung zu vereinfachen wird ein aus 100 % biologischer Baumwolle hergestelltes Produkt herangezogen. Die Produktion dieses Artikels ist auf die Länder Indien und Mauritius aufgeteilt. Der Anbau der Baumwolle erfolgt in Zentralindien im Bundesstaat Madhya Pradesh in der Region rund um Indore. Die Erzeugung der Textilware erfolgt auf Mauritius (Göttin des Glücks, 2011, s.p.).

7.1 Textile Kette

Die textile Kette unterteilt sich in die *Rohstoffgewinnung* der Baumwolle in Indien – ein landwirtschaftlicher Prozess – und die *Textilerzeugung* auf Mauritius, welche die industriellen Verarbeitungsschritte umfasst. Im folgenden Abschnitt werden die einzelnen Glieder der textilen Kette beschrieben. Sie sind zum Teil für die Berechnung des Water Footprints maßgeblich.

Im Vergleich zu anderen, konventionell produzierten Textilien erfolgt der Anbau der biologischen Baumwolle unter besonders umweltverträglichen und sozialen Gegebenheiten. Die Anbauflächen werden von Kleinbauern bewirtschaftet. Zusammen mit weiteren Agrarprodukten, wie Mungobohnen, Kichererbsen und Erdnüssen, wird in Form einer Mischkultur mit Fruchtwechsel angebaut. Zur Bewirtschaftung werden nicht Maschinen, sondern Nutztiere eingesetzt. Die Ernte erfolgt nicht maschinell sondern von Hand, weshalb auch keine Entlaubungsmittel eingesetzt werden. Das Ergebnis ist eine qualitativ hochwertige Baumwolle, da nur reife Faserbüschel geerntet und unreife auf den Sträuchern gelassen werden. Bewässert wird mittels „Tröpfchenbewässerung", eine besonders wassersparende Bewirtschaftungsform, bei der es nur zu geringen Verdunstungsverlusten kommt. Anstelle von Kunstdüngern wird der Mist der Nutztiere auf die Felder ausgebracht. Bei der Schädlingsbekämpfung verzichtet man auf Pestizide und Chemie. Stattdessen wird ein umweltfreundliches Insektenvernichtungsmittel eingesetzt, das aus den Blättern des Neenbaumes hergestellt wird. Im Vergleich zu herkömmlicher Baumwolle sind die zu tätigenden Investitionen niedriger und die erzielten Erntepreise höher, was für eine stabilere wirtschaftliche Grundlage der ansässigen Bauernfamilien sorgt. Zusätzlich zu den ökologischen Vorteilen des Biolandbaus kommen also soziale Kriterien, die sich positiv auf das Leben der Menschen am Produktionsstandort auswirken. Der durch Fairtrade garantierte Mindestpreis und eine Sozialprämie, über deren Verwendung die Landwirte frei entscheiden können, sind weitere Vorteile, die den Mehraufwand bei der Produktion rechtfertigen.

Nach der Ernte der Baumwolle wird diese noch in Indien entkernt und zu Garn versponnen. Auf Hilfsstoffe kann bei diesen Prozessen verzichtet werden. Laut GOTS Richtlinien sind nur Substanzen auf Basis von natürlichen Rohstoffen zugelassen. Da der verarbeitende Betrieb ausschließlich biologische Baumwolle annimmt, entfällt eine vorherige Waschung der Maschinen bzw. des Garns. Die Spinnerei ist Fairtrade, GOTS und SA 8 000 zertifiziert (Muhr, 2012). SA 8 000 ist ein internationaler Standard mit dem Ziel die Arbeitsbedingungen von Arbeitnehmern zu verbessern. Die Zertifizierung geht von den Unternehmen selbst aus und erfolgt auf freiwilliger Basis (Social Accountability International, 2008, 4f).

Das fertig gesponnene Garn wird von Indien auf die Insel Mauritius verschifft. Dort werden die Stoffe von dem ökologisch engagierten Textilunternehmen „RT Knits“ gestrickt und gefärbt. Anschließend werden die Stoffe in dem sozial engagierten Unternehmen „Craft Aid“ zu Kleidungsstücken gefertigt. Hier erfolgen die Produktionsschritte Zuschneiden, Nähen, Bedrucken und Verpacken. Bedruckt wird manuell mittels Siebdruck, einer sehr wassersparenden Form des Drucks. Der ebenfalls Fairtrade-zertifizierte Betrieb zeichnet sich durch menschenwürdige Arbeitsbedingungen und ein sicheres Arbeitsumfeld, höhere Löhne und die Integration von Menschen mit Behinderung aus (Göttin des Glücks, 2011, s.p.).

In den folgenden Kapiteln werden die Standorte Indien und Mauritus näher beschrieben, wobei vor allem auf die Verfügbarkeit und den Umgang mit den Wasserressourcen eingegangen wird.

7.2 Indien

Indien liegt in Südasien und ist die größte Halbinsel der Erde. Die klimatischen Verhältnisse sind durch zwei Monsunperioden geprägt. Im Winter herrscht der trockene und kalte Nordost Monsun, im Sommer ein warmes und feuchtes

Klima durch den Südwest Monsun. Dieser beeinflusst die meisten Teile Indiens zwischen den Monaten Juni und September. Der jährliche durchschnittliche Niederschlag beträgt 1 170 mm pro Jahr, variiert allerdings bedeutend von Region zu Region. Die wichtigsten Wasserquellen sind Niederschläge und Schneeschmelzwasser aus dem Himalayagebiet.

Die Bewässerung von landwirtschaftlichen Flächen hat in Indien eine lange Tradition. Die entsprechenden Systeme werden in drei Kategorien unterteilt: große (>10 000 ha), mittlere (2 000 – 10 000 ha) und kleine (<2 000 ha). Während große und mittlere Bewässerungsprojekte hauptsächlich auf Oberflächengewässer zurückgreifen, ziehen kleinere auch Grundwasser heran. Vor allem in den nördlichen Regionen Punjab, Rajasthan, Uttar Pradesh und Madhya Pradesh dominiert die Bewässerung entlang der Flüsse Ganges und Indus. In den letzten Jahren hat allerdings die Nutzung des Grundwassers für Bewässerungszwecke stetig zugenommen.

Aufgrund des zunehmenden Bedarfs an Wasserressourcen und der steigenden Nutzungsansprüche durch andere Sektoren werden die Entwicklung und der Einsatz von wassersparenden Technologien für die Bewässerung immer stärker forciert. Für das Wassermanagement sind die einzelnen Bundesstaaten zuständig. Nationale Schwerpunkte – wie die Optimierung der Bewässerungssysteme – werden von der Landesregierung vorgeschrieben.

Generell gibt es in Indien keine einheitlichen Wassergebühren. Diese sind abhängig vom Bundesstaat, den jeweiligen Projekten, der Anbaufläche, sowie den unterschiedlichen Bewässerungssystemen. Ein großes Problem stellt nicht selten die fehlende Abwasserbehandlung dar, die sich auf die Wasserqualität von Oberflächengewässern und Grundwasser auswirkt. Krankheiten, die mit verunreinigtem Wasser zusammenhängen, haben in den letzten Jahren kontinuierlich zugenommen. Der Klimawandel mit seinen Folgen hat ebenfalls einen negativen Einfluss auf die zukünftige Wasserqualität (FAO, 2010).

Im Bundesstaat Madhya Pradesh, der Anbauregion der Baumwolle für GDG, werden zahlreiche landwirtschaftliche Flächen künstlich bewässert, wobei die Intensität vor allem im Norden und Westen hoch ist, während im Osten weniger intensiv bewässert wird (FAO, 2012c).

7.3 Mauritius

Mauritius ist ein Inselstaat im indischen Ozean und liegt östlich von Madagaskar in der Nähe der afrikanischen Küste. Die zugehörigen Inseln sind von Korallenriffen umgeben und ein beliebtes Urlaubsziel.

Das maritime Klima ist – typisch für diese Zone – mild und sub-tropisch. Im Sommer (Dezember-April) herrschen Temperaturen um die 30 °C, der Winter (Mai-November) ist mit 16 °C sehr mild. Während der Monate Jänner bis März verursachen die sommerlichen Zyklone allerdings zahlreiche Schäden an Ernte und Gebäuden.

Die gesamte Bevölkerung hat Zugang zu qualitativ gutem Trinkwasser, auch sanitäre Einrichtungen sind flächendeckend verfügbar (99 %). Die Wasserressourcen auf der Insel setzen sich aus Flüssen und Grundwasserreservoirs zusammen. Im Jahr 2002 wurden 20,6 Mio. m^3 an Abwasser behandelt. Den größten Anteil des Wasserverbrauchs beansprucht die Landwirtschaft mit 491 Mio. m^3/Jahr, die Kommunen verbrauchen 214 Mio. m^3/Jahr und die Industrie 20 Mio. m^3/ Jahr (Abbildung 7). Vor allem der landwirtschaftliche Sektor konkurriert um die Ressource Wasser mit den Kommunen und der Industrie.

Abbildung 7: Wasserverbrauch auf Mauritius

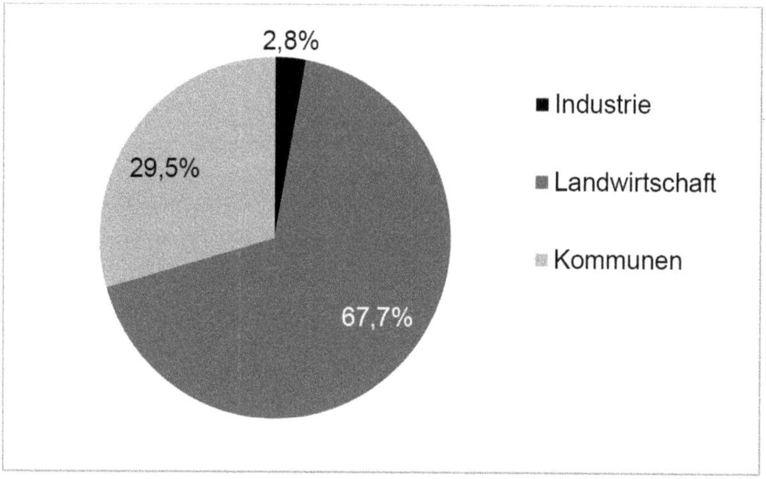

Quelle: FAO (2005b)

Da die Wasserressourcen der Insel qualitativ gut aber mengenmäßig begrenzt sind, wurde ein Komitee für das Wassermanagement aller Sektoren – inklusive der Landwirtschaft – bestellt. Für jeden Monat wird der Wasserbedarf berechnet und geplant. In Speichern wird für wasserknappe Zeiten vorgesorgt. Die Grundwasserkörper werden ebenfalls überwacht und unterliegen in den trockenen Monaten strengen Regelungen (FAO, 2005b). Laut der Mitteilung von Kistamah (2012) ist die Benützung und Entsorgung des Wassers auf Mauritius kostenpflichtig. Die meisten Fabriken verwenden von der Regierung zur Verfügung gestelltes Wasser zu 0,57 $\$/m^3$, einige verwenden Grundwasser zu 0,10 $\$/m^3$ und wieder andere greifen auf Oberflächengewässer zurück zu 0,05 $\$/m^3$. Die Textilfabriken sind dazu verpflichtet 0,77 $\$/m^3$ für die Einspeisung ihrer Abwässer in den öffentlichen Abwasserkanal zu zahlen. Die Regierung hat ebenfalls Grenzwerte für Indikatoren wie pH-Wert, Temperatur, etc. festgelegt, welche streng kontrolliert und überwacht werden.

8. Daten

Das folgende Kapitel erläutert die Herkunft der verwendeten Daten, notwendige Annahmen und Ausschlüsse für die Berechnung, die aufgetretenen Probleme und die Datenqualität. Zur besseren Übersicht werden die Kapitel jeweils in die Standorte Indien und Mauritius aufgesplittert.

Hoekstra et al. (2011, 12f) unterscheidet bei den zu verwendenden Daten zwischen drei räumlich-zeitlichen Ebenen. Level A ist das am *wenigsten detaillierte Niveau*, bei dem relativ grobe Durchschnittsdaten verwendet werden. Der Zeitraum umfasst mehrere Jahre, weshalb dieser Level für große Projekte gut geeignet ist. Beim mittleren Level B kommen *monatliche Durchschnittsdaten* zum Einsatz. Räumlich handelt es sich dabei um nationale, regionale oder spezifische Einzugsgebiete. Dieses Datenniveau kann für ein besseres Verständnis von lokalen Wasserhotspots dienen. Level C verwendet zu diesem Zweck *geographisch und zeitlich konkretisierte Daten*. Der Zeitraum umfasst einen Monat oder Tage, das Einzugsgebiet ist kleinräumlich.

In der Praxis kommen oftmals Kombinationen dieser Levels zur Anwendung. Das vorgestellte Fallbeispiel verwendet für die Berechnung des Water Footprints Daten, die hauptsächlich in die Kategorie B fallen. Bei den industriellen Prozessen muss jedoch mangels verfügbarer Daten auf recht grobe Vergleichsdaten zurückgegriffen werden, die dem Level A zugeordnet werden müssen.

8.1 Daten Baumwollanbau

Entscheidend für den erfolgreichen Anbau der Baumwolle ist die Bewässerung. Die notwendigen Klimadaten (Temperatur, Feuchtigkeit, etc.) wurden aus der FAO Datenbank CLIMWAT 2.0 for CROPWAT entnommen, die in Kombination mit dem Programm CROPWAT 8.0 verwendet werden kann (FAO, 2012a; FAO, 2012b).

Zur feineren Justierung in CROPWAT 8.0, der Irrigation Schedule Option, benötigt man Kenntnisse über den Bodentyp in der Region. Da keine genauen Daten vorliegen und CROPWAT 8.0 nur eine bestimmte Auswahl an Bodentypen anbietet, wird laut der FAO (2012c, 3) von einem mittelschweren, schwarzen Boden mit hohem Lehm- und Tonanteil ausgegangen. Es handelt sich um sehr nährstoffreiche Böden, die bei ausreichender Wasserversorgung sehr fruchtbar sind. Wird der Boden ausschließlich durch Niederschläge bewässert, baut man vor allem Baumwolle, Hirse u.Ä. an. Bei zusätzlicher Bewässerung können auch andere Früchte wie Zucker, Weizen, etc. kultiviert werden.

Ein weiterer bestimmender Faktor für den blauen und grünen Water Footprint ist der *Flächenertrag*, der aus einer Studie von Chapagain et al. (2006, 189) bezogen wurde. Hierbei handelt es sich um den durchschnittlichen Ertrag in t/ha im Zeitraum von 1997 bis 2001.

Der graue Water Footprint benötigt eine Reihe von verschiedensten Eingangsdaten, wie Formel 12 zeigt. Diese wurden mangels verfügbaren Erfahrungswerten aus der Literatur bezogen. Da es sich um biologisch angebaute Baumwolle handelt, wird auf Kunstdünger und Pestizide verzichtet. Die Düngung erfolgt mit Kuhdung, wobei vor allem der Stickstoffanteil ausschlaggebend ist. Hierbei wurde der durchschnittliche Stickstoffverbrauch in der indischen Region Madhya Pradesh einer detaillierten Studie der FAO entnommen (FAO, 2005a, 16). An dieser Stelle sei angemerkt, dass Stallmist vor der Erfindung der Mineraldünger der wichtigste organische Dünger in der Landwirtschaft war. Die Nährstoffgehalte unterliegen allerdings starken Schwankungen (Finck, 1991, 37f). Die Daten für den Ernteertrag und die ausgewaschene Ablauffraktion von Stickstoff wurden aus der Studie von Chapagain et al. (2006, 189; 192) übernommen. Die Wasserqualitätsstandards wurden, wie in der Literatur empfohlen, von der EPA (2012a) bezogen.

8.2 Daten Textilerzeugung

Die für die Berechnung relevanten Prozesse sind jene der Textilveredelung, bei denen es zum Verbrauch von Wasserressourcen kommt. Darunter fallen das Färben und die Endfertigung der Stoffe (Göttin des Glücks, 2011, s.p.). Die Daten für den Water Footprint der Textilerzeugung wurden aus den Studien Visvanathan et al. (2007), Chapagain et al. (2006) und Hoekstra et al. (2011) herangezogen, da keine Messdaten der zuständigen Textilfabrik verfügbar waren. Laut Informationen von Kistamah (2012) kommen in der Produktion ausschließlich blaue Wasserressourcen zum Einsatz. Die Abwässer werden in das öffentliche Kanalnetz eingeleitet, weshalb nur der blaue und graue Water Footprint berechnet werden. Konkret wurden die Daten für den blauen Water Footprint aus der Studie Visvanathan et al. (2007) entnommen, die Daten aus dem Zeitraum von 1996 bis 1998 analysiert. Auch diese Forschungsarbeit weist auf das Problem der mangelnden Zusammenarbeit der Industrie mit der Wissenschaft hin, da für diese Untersuchung 200 Textilfabriken angeschrieben wurden, die Resonanz jedoch gering war. Lediglich 22 Fabriken waren bereit an der Studie teilzunehmen.

Für das Gewicht des T-Shirts werden 250 g nach Chapagain et al. (2006, 193) angenommen, um den errechneten Wert mit den anderen Studien vergleichen zu können.

8.3 Annahmen und Ausschlüsse

Die Schematisierung des Produktionssystems in deutlich abgrenzbare Prozessstufen macht es unvermeidlich, verschiedene Annahmen und Vereinfachungen zu treffen. Bezüglich derartiger Einschränkungen ist es wichtig, nicht signifikante Informationen aus der Analyse herauszunehmen (Hoekstra et al., 2011, 47).

Da einige erforderliche Informationen für die Berechnung nicht zugänglich waren, mussten ersatzweise verschiedene Annahmen getroffen werden. Andererseits konnten aber auch Informationen bei der Herstellung nicht berücksichtigt werden. Details und Gründe werden im folgenden Kapitel für den Baumwollanbau und die Textilerzeugung erläutert.

8.3.1 Baumwollanbau

Wie bereits angeführt wird laut Informationen von Göttin des Glücks (2011, s.p.) die Baumwolle in Form einer Mischkultur gemeinsam mit Nahrungsmitteln wie Mungobohnen, Kichererbsen und Erdnüssen angebaut. Diese Form des Anbaus ist typisch für den biologischen Anbau in dieser Gegend und fördert die Diversität, kann jedoch in der Berechnung wegen zu hoher Komplexität nicht berücksichtigt werden, da CROPWAT 8.0 von einheitlichen Kulturen ausgeht.

Auch auf die sehr wassersparende Bewirtschaftungsform der Tröpfchenbewässerung kann in dieser Studie nicht eigens eingegangen werden. Geringe Wassermengen von 2-20 l/h werden dabei tröpfchenweise abgegeben und sorgen für nur sehr geringe Verdunstungsverluste. Da CROPWAT 8.0 keine Option anbietet, um auf diese spezifische Form der Bewässerung einzugehen, ist mit Verzerrungen beim Ergebnis zu rechnen. Als Kompromiss wurde die Einstellung für eine Bewässerung bei kritischem Wassermangel (irrigate at critical depletion) verwendet, welche der Tröpfchenbewässerung am nächsten kommt.

Da der biologische Anbau erst in den letzten Jahren zahlenmäßig zugenommen hat, sind über diesbezügliche Erträge keine Daten vorhanden. Die Daten für Ernteertrag und den Stickstoffverbrauch in der Region Madhya Pradesh wurden aus diesem Grund aus Studien bezogen, die sich mit konventionellem Baumwollanbau beschäftigen (Chapagain et al., 2006, 189; FAO, 2005a, 16). Deshalb ist damit zu rechnen, dass das Ergebnis des grauen Water Footprints verzerrt ist, da der niedrigere Stickstoffeintrag und der geringere Ernteertrag der biologischen Bewirtschaftung nicht berücksichtigt werden können.

Die Wasserqualitätsstandards für die maximal akzeptable Konzentration wurden aus einer Studie der EPA (2012a) genommen, wobei es sich allerdings um Grenzwerte für Trinkwasser der Vereinigten Staaten handelt. Es ist anzunehmen, dass in dem indischen Anbaugebiet andere Werte gelten. Die natürliche Konzentration der indischen Wasserkörper ist ebenfalls nicht bekannt und wird aus diesem Grund – wie in der Literatur empfohlen – mit Null angenommen. In diesem Fall muss berücksichtigt werden, dass es zu einer Unterschätzung des grauen Water Footprints kommen kann, falls dieser Wert in der Realität nicht zutreffen sollte (Hoekstra et al., 2011, 30ff).

8.3.2 Textilerzeugung

Die meisten Prozesse der industriellen Verarbeitung werden nicht in die Berechnung einbezogen, da die anfallenden Wassermengen nicht erheblich sind. Die Entkernung und Verspinnung erfolgen ohne Wasser, Ausrüstung und chemische Hilfsstoffe und sind somit von der Berechnung auszuschließen. Es ist kein separates Waschen notwendig und das fertige Garn kann direkt nach Mauritius transportiert werden (Muhr, 2012). Laut Kistamah (2012) wird in der zuständigen Textilfabrik das Garn verstrickt, wobei ebenfalls keine Wasserressourcen in Anspruch genommen werden.

Die Daten aus der Studie von Chapagain et al. (2006) beziehen sich auf die Produktion von konventionellen Textilien. Es ist daher anzunehmen, dass es zu einer Überschätzung des grauen Water Footprints kommt. Die GOTS Zertifizierung untersagt die Verwendung bestimmter Farb- und Hilfsstoffe, weshalb auch die Abwässer anders als bei der konventionellen Produktion zusammengesetzt sein müssen.

Laut Kistamah (2012) werden in der Produktion blaue Wasserressourcen – wie Oberflächengewässer oder das Grundwasser – verwendet. Die Entsorgung der Abwässer erfolgt in das öffentliche Kanalnetz. Eine Abwasserreinigung vor Ort findet in den meisten Textilfabriken nicht statt. Aus diesem Grund wird der Faktor Recycling nicht in die Berechnung miteinbezogen, da die Reinigung des Abwassers an einer anderen Stelle stattfindet.

Da die Studie von Visvanathan et al. (2007) für den Wasserverbrauch und die anfallende Abwassermenge weit auseinander liegende Daten zur Verfügung stellt, wurde mit dem Durchschnitt des jeweiligen Minimums und Maximums gerechnet. Es liegt auf der Hand, dass es sich bei diesem Wert nur um einen Richtwert handeln kann, der aber aufgrund mangelnder Datengrundlagen in Kauf genommen werden muss.

Die Konfektionierung mit dem Produktionsschritten Zuschneiden und Nähen ist ebenfalls nicht in eine Water Footprint Berechnung miteinzubeziehen. Bei konventionellen Herstellungsverfahren verbraucht der Druck erhebliche Mengen an Wasser, was aber bei diesem Fallbeispiel vernachlässigt werden kann, da der Druck manuell mittels Siebdruck erfolgt. Dieser benötigt nur sehr kleine Mengen an Wasser bei der Reinigung der Siebe, die als zu geringfügig für die Inkludierung in die Berechnung angenommen werden (Göttin des Glücks, 2011, s.p.; Hoekstra et al., 2011, 10f).

Der Transport des Garns und der fertigen Kleidungsstücke erfolgt mittels Schiff (Göttin des Glücks, 2011, s.p.). Obwohl die Schifffahrt die Wasserqualität und somit den grauen Water Footprint durch den Eintrag von Öl beeinträchtig, wird diese nicht in der Berechnung berücksichtigt. Die Komplexität der Studie würde sich andernfalls stark erhöhen (Lehmköster et al., 2010, 92).

8.4 Datenqualität und Probleme

Das folgende Kapitel behandelt die Qualität der verwendeten Eingangsdaten und gibt einen Einblick in aufgetretene Schwierigkeiten. Die Beurteilung der Daten- und Informationsqualität erfolgt nach den Kriterien von Knut et al. (2011), die in 15 Dimensionen unterteilt werden: Zugänglichkeit, angemessener Umfang, Glaubwürdigkeit, Vollständigkeit, Übersichtlichkeit, einheitliche Darstellung, Bearbeitbarkeit, Fehlerfreiheit, eindeutige Auslegbarkeit, Objektivität, Relevanz, hohes Ansehen, Aktualität, Verständlichkeit und Wertschöpfung. Nicht alle Kriterien sind tatsächlich für eine derartige Beurteilung geeignet, allerdings ermöglichen sie doch eine ungefähre Abschätzung der Qualität.

8.4.1 Datenqualität des Baumwollanbaus

Die benötigten Informationen für die Errechnung des grünen, blauen und grauen Water Footprints sind in Tabelle 6 für die landwirtschaftliche Produktion in Indien angeführt.

Tabelle 6: Datenqualität I

Water Footprint	Produktionsstufe	Daten	Datenherkunft
Blau	Landwirtschaft	Anbaugebiet	Industrie
		Klimadaten	Datenbank
		Bestandsdaten	Datenbank, Literatur
		Bewirtschaftung	Industrie
		Ernteertrag	Literatur

Water Footprint	Produktionsstufe	Daten	Datenherkunft
Grün	Landwirtschaft	Anbaugebiet	Industrie
		Klimadaten	Datenbank
		Bestandsdaten	Datenbank, Literatur
		Bewirtschaftung	Industrie
		Ernteertrag	Literatur
Grau	Landwirtschaft	Düngung	Literatur
		Ernteertrag	Literatur
		Grenzwerte, Wasserwerte (Konzentrationen)	Literatur

Quelle: eigene Darstellung

Nach Knut et al. (2011, 32ff) versteht man unter Zugänglichkeit die Möglichkeit betreffende Informationen unkompliziert und auf direktem Weg sammeln zu können. Dies trifft auf die Daten über das Anbaugebiet, sowie die Klima- und Bestandsdaten des blauen und grünen Water Footprint großteils zu. Die Programme der FAO gestatten einen einfachen Zugriff. Daten, die aus der Literatur entnommen wurden, sind weniger gut zugänglich. Da noch kein standardisiertes Werk existiert fällt eine lange Recherchezeit an. Eine verwertbare Grundlage liefern die verfügbaren Daten mit Ausnahme der Grenzwerte und Wasserqualitätsstandards. Hier wären zusätzliche Informationen wünschenswert gewesen.

Es sind vor allem jene Daten plausibel, die von der FAO zur Verfügung gestellt werden. Sie weisen einen hohen Qualitätsstandard auf und die Informationsgewinnung ist gut möglich. Was Übersichtlichkeit, einheitliche Darstellung, Verständlichkeit und Bearbeitbarkeit betrifft, sind die Daten aus CLIMWAT 2.0 und CROPWAT 8.0 sehr gut strukturiert. Die aus der Literatur bezogenen Informationen erfüllen diese Kriterien kaum, vor allem was die Angaben des grauen Water Footprints betrifft.

Fehlerfreiheit bedeutet, dass die verfügbaren Informationen realitätsnahe sind. Diese Voraussetzungen können die Daten nicht erfüllen, da es sich um Vergleichswerte handelt und nicht um unmittelbar gemessene Werte. Die verwendeten Werte stellen lediglich eine vorläufige Abschätzung realer Verhältnisse dar. Eindeutig interpretierbar und objektiv sind hingegen alle verwendeten Informationen. Es handelt sich um notwendige Werte für die Berechnungen. Die Einschätzung ihrer Aktualität ist schwierig, da die Daten aus sehr unterschiedlichen Quellen bezogen wurden und Kompromisse eingegangen werden mussten. Das

Kriterium „Wertschöpfung" kann für die Beurteilung der Informationsqualität nicht herangezogen werden, da mit dieser Studie kein Umsatz oder Gewinn angestrebt wird.

Bei der Beschaffung der Daten stößt man rasch auf praktische Grenzen. Erste Probleme tauchen bei der Recherche des Bodentyps auf, der für die Ermittlung der Evapotranspirationsraten erforderlich ist. Da es in den meisten Fällen bei den ausländischen Produktionsstandorten nicht zu einer Feldbegehung und Probennahme kommt, ist man auf Sekundärliteratur oder Erfahrungswerte angewiesen. Dies bringt entsprechende Unsicherheiten mit sich. Die Ernterate ist oftmals nicht bekannt, wird aber auf Basis von langjährigen Messungen von der FAO zur Verfügung gestellt. Beim biologischen Anbau führen die weniger intensive Düngung und der Verzicht auf Chemikalien und Pestizide eher zu einer verminderten Ernterate. Die Daten können daher vom Erfahrungswert abweichen.

Besonders beim grauen Water Footprint sind oft keine exakten Daten vorhanden und müssen durch Erfahrungswerte ersetzt werden. Informationen über die Art der Düngung sind einfach zu beschaffen. Bei der Auftragungsrate am Feld und der Ablauffraktion ist man aber auf Näherungswerte angewiesen. Über die natürlichen Konzentrationen der Wasserkörper ist es schwierig Informationen zu erhalten, insbesondere für Schwellenländer mit niedrigen Umweltauflagen. In westlichen Ländern existieren bessere Datengrundlagen. Die Umweltbundesämter sind für die Überwachung der Gewässer und ihrer Wasserqualität zuständig und sammeln Daten.

8.4.2 Datenqualität der Textilerzeugung

Die Einschätzung der Datenqualität nach Knut et al. (2011, 32ff) ergibt eine äußerst negative Bilanz betreffend die Textilerzeugung. Die Probleme bei der Datenrecherche spiegeln sich auch bei deren Beurteilung wider. Nach eigener Einschätzung kann kein einziges der Kriterien als verlässlich beurteilt werden, da sich die Beschaffung der Informationen als äußerst schwierig und kompliziert erwies. Nach langwierigen Recherchen und Kontaktaufnahme mit der zuständigen Handelsorganisation EZA musste festgestellt werden, dass derartige Daten nicht vorhanden sind. Es finden keine Messungen vor Ort statt; Daten werden nicht erhoben. Aus diesem Grund mussten unterschiedliche Studien für die Berechnung herangezogen werden. Für den blauen Water Footprint wurden Daten aus einer Studie von Visvanathan et al. (2007) verwendet, die sich aber mit thailändischen Textilfabriken beschäftigt. Die übrigen Informationen wurden aus Chapagain et al. (2006) und Hoekstra et al. (2011) bezogen (siehe Tabelle 7).

Tabelle 7: Datenqualität II

Water Footprint	Produktionsstufe	Daten	Datenherkunft
Blau	Industriell	Wasserverbrauch	Literatur
		Abwasseraufkommen	Literatur
Grau	Industriell	Schmutzstoffe	Literatur

Quelle: eigene Darstellung

Aus den angeführten Umständen müssen die Ergebnisse den Charakter einer vorläufigen Abschätzung haben. Dennoch soll eine Einschätzung versucht werden, welche Schwankungen auftreten können und an welchen Stellen Einsparungen durch optimierte Technologien möglich wären.

9. Ergebnisse

Dieses Kapitel fasst die Ergebnisse der Fallstudie zusammen und erläutert den Berechnungsvorgang für den blauen, den grünen und den grauen Water Footprint des Baumwollanbaus und der Textilerzeugung sowie die Resultate für den gesamten Water Footprint.

9.1 Water Footprint des Baumwollanbaus

An dieser Stelle werden die Resultate des Water Footprints für den Baumwollanbau in Indien dargestellt. Die Berechnung des grünen und blauen Water Footprints wurde mit unterschiedlichen Optionen von CROPWAT 8.0 durchgespielt, um einerseits die Vielfalt des Computerprogramms zu demonstrieren, andererseits die Auswirkung unterschiedlicher Bewässerungsformen aufzuzeigen.

9.1.1 Blauer Water Footprint

Crop Water Requirement Option

Die Ergebnisse der CWR Option stellen den erforderlichen Bewässerungsbedarf einer Baumwollkultur unter optimalen Bedingungen dar. Die Evapotranspiration ergibt sich aus dem Maximum von Null oder der Differenz der gesamten Evapotranspiration des Bestandes (ET_c) und des effektiven Niederschlags (P_{eff}) (siehe Formel 13).

Formel 13: Evapotranspiration des blauen Water Footprints

$$ET_{blau} = \max(0, ET_c - P_{eff})$$

Quelle: Hoekstra et al. (2011, 138)

In Tabelle 8 sind die monatlichen Evapotranspirationsraten für den blauen Water Footprint aufgelistet, die CROPWAT 8.0 auf Basis der Klima- und Bestandsdaten errechnet. Die Summe der Evapotranspirationsraten der gesamten Anbauperiode von Mai bis November beträgt 258,8 mm.

In einem nächsten Schritt wird die Variable CWU ermittelt (Formel 5 und Formel 6). Für den Ertrag wird laut Chapagain et al. (2006, 189) der Wert 0,62 t/ha angenommen. Aus der Division von CWU und Ertrag ergibt sich der blaue Water Footprint, der unter optimalen Bedingungen 4 174 m^3/t beträgt (siehe Tabelle 8).

Tabelle 8: CWR blau

Monat	ETc (mm/dek)	Peff (mm/dek)	ET blau (mm/dek)
Mai	26,4	0	26,4
Mai	42,1	8,7	33,4
Jun	31,6	24,8	6,8
Jun	30,5	35,7	0
Jun	36,3	40,7	0
Jul	36,4	46,5	0
Jul	32,5	52,8	0
Jul	42,4	52,6	0
Aug	43,1	52,9	0
Aug	40,7	54,1	0
Aug	47,7	49,7	0
Sep	46,6	46,4	0,2
Sep	48,9	43,5	5,4
Sep	51,7	33,3	18,4
Okt	53,9	20,1	33,8
Okt	51,9	9,6	42,3
Okt	46,8	8,7	38,1
Nov	33,6	8,5	25,1
Nov	26,8	6,4	20,4
Nov	11,2	2,7	8,5
Gesamt (mm)	781,1	597,7	258,8
WF blau (m^3/t)			4 174

Quelle: eigene Darstellung nach FAO (2012b)

Crop Irrigation Schedule Option

Diese Option liefert im Vergleich zur CWR Option genauere Ergebnisse. An Stelle des effektiven Niederschlags wird die Boden-Wasser-Balance berücksichtigt, die den Bodenfeuchtegehalt (in Tagesschritten) bei der Bewirtschaftung einer bestimmten Kultur veranschlagt. Dafür wird der Bodentyp benötigt, der als schwarzer Lehmboden (black clay soil) festgelegt wurde (Hoekstra et al., 2011, 133f; FAO, 2012c, 3). Mit dieser Option können sowohl ideale Bewässerungsbedingungen als auch suboptimale Konditionen, bei denen die Kultur nicht ausreichend Wasser zur Verfügung hat (in Trockenperioden), simuliert werden (Hoekstra et al., 2011, 138).

Für das Fallbeispiel wurden zwei Szenarien durchgespielt. Szenario A wurde mit der Option „Bewässerung bei kritischem Wassermangel" (Irrigate at critical depletion) kalkuliert, Szenario B geht von einer durch Regen gespeisten Kultur aus.

Die bei Szenario A gewählte Einstellung kommt der Tröpfchenbewässerung am nächsten. Hier sind die Intervalle der Bewässerung optimal veranschlagt. Es wird zum spät möglichsten Zeitpunkt bewässert, sodass der Bestand nicht in Wasserstress gerät (Hoekstra et al., 2011, 133f). Für die blaue Evapotranspiration ET_{blau} wird aus der gesamten Bewässerung (total net irrigation) und dem tatsächlichen Bewässerungsbedarf (actual irrigation requirement) das Minimum ausgewählt. In diesem Fall wird mit dem Wert der gesamten Bewässerung 122,3 mm weitergerechnet (Formel 14). Eine Übersicht der Werte ist in Tabelle 9 dargestellt.

Formel 14: Blaue Evapotranspiration mit Crop Irrigation Schedule

$$ET_{blau} = \min(\textit{Ges. Bewässerung; tatsächlicher Bedarf})$$

Quelle: Hoekstra et al. (2011, 133)

Für den blauen Water Footprint der indischen Baumwollkultur ergibt sich für ET_{blau} geteilt durch den Ertrag nach Chapagain et al. (2006, 189) das Ergebnis 1 973 m^3/t (Formel 5 und Formel 6).

Tabelle 9: Crop Irrigation Schedule

Gesamte Bewässerung	122,3 mm
Tatsächlicher Bewässerungsbedarf	168,5 mm
WF blau	1 973 m^3/t

Quelle: eigene Darstellung nach FAO (2012b)

Im Szenario B wurde die Option mit ausschließlicher Regenspeisung (no irrigation; rain-fed conditions) gewählt, also keine Bewässerung mit blauen Wasserressourcen. Die blaue Evapotranspiration ist aus diesem Grund Null; der blaue Water Footprint beträgt ebenfalls Null (Hoekstra et al., 2011, 138).

9.1.2 Grüner Water Footprint

Die Berechnung des grünen Water Footprints konnte parallel zum blauen Water Footprint erfolgen, denn auch hier wurden mit CROPWAT 8.0 mehrere Optionen ausgewählt und die beiden Szenarien durchgerechnet.

Crop Water Requirement Option

Die Evapotransporation für den grünen Water Footprint ergibt sich aus dem Minimum der gesamten Evapotranspiration des Bestandes (ET_c) oder dem effektiven Niederschlag (P_{eff}), wie Formel 15 darstellt.

Formel 15: Evapotranspiration des grünen Water Footprints

$$ET_{grün} = \min(ET_c; P_{eff})$$

Quelle: Hoekstra et al. (2011, 138)

Die von CROPWAT 8.0 errechneten Werte sind in Tabelle 10 aufgelistet. Analog zum blauen Water Footprint wird aus $ET_{grün}$ der Wert für CWU berechnet, indem die Evapotranspiration durch den Ertrag geteilt wird (Formel 9 und Formel 10). Der grüne Water Footprint für optimal bewässerte und angebaute Baumwolle beträgt 8 424 m³/t.

Tabelle 10: CWR grün

Monat	ETc (mm/dek)	Peff (mm/dek)	ET grün (mm/dek)
Mai	26,4	0	0
Mai	42,1	8,7	8,7
Jun	31,6	24,8	24,8
Jun	30,5	35,7	30,5
Jun	36,3	40,7	36,3
Jul	36,4	46,5	36,4
Jul	32,5	52,8	32,5
Jul	42,4	52,6	42,4
Aug	43,1	52,9	43,1
Aug	40,7	54,1	40,7
Aug	47,7	49,7	47,7
Sep	46,6	46,4	46,4
Sep	48,9	43,5	43,5
Sep	51,7	33,3	33,3
Okt	53,9	20,1	20,1
Okt	51,9	9,6	9,6
Okt	46,8	8,7	8,7
Nov	33,6	8,5	8,5
Nov	26,8	6,4	6,4

Monat	ETc (mm/dek)	Peff (mm/dek)	ET grün (mm/dek)
Nov	11,2	2,7	2,7
Gesamt (mm)	781,1	597,7	522,3
WF grün (m^3/t)			8 424

Quelle: eigene Darstellung nach FAO (2012b)

Crop Irrigation Schedule Option

Szenario A (Bewässerung bei kritischem Wassermangel) kommt zu einem wesentlich höherem grünen Water Footprint als die CWR Option. Die grüne Evapotranspiration ergibt sich aus der Differenz von ET_{blau} von ET_a (angepasste ET) (Formel 16).

Formel 16: Grüne Evapotranspiration mit Crop Irrigation Schedule

$$ET_{grün} = ET_a - ET_{blau}$$

Quelle: Hoekstra et al. (2011, 141)

Unter ET_a versteht man die aktuelle Wassernutzung des Bestandes, die sich auf 778,7 mm beläuft. Die grüne Evapotranspiration beträgt somit 656,4 mm. Der grüne Water Footprint beziffert sich auf 10 587 m^3/t (Formel 9 und Formel 16).

Tabelle 11: Evapotranspirationen

ETa	778,7 mm
ET blau	122,3 mm
ET grün	656,4 mm
WF grün	10 587 m^3/t

Quelle: eigene Darstellung nach FAO (2012b)

Für Szenario B (Regenspeisung) ist die grüne Evapotranspiration in diesem Fall die gesamte Evapotranspiration des Bestandes (Hoekstra et al., 2011, 138ff). Diese wird aus der Summe aller täglichen ET_a (747,8 mm) gebildet. Der grüne Water Footprint ergibt 12 061 m^3/t. Es ist zu beachten, dass es zu einer Reduktion von 3,6 % des Ernteertrags kommen kann und die Auslastung des Feldes nur 70 % beträgt.

9.1.3 Grauer Water Footprint

Die Berechnung des grauen Water Footprints ist nicht mit CROPWAT 8.0 möglich. In diesem Fall wurden die recherchierten Daten in eine Excel Datei eingegeben und nach Formel 12 berechnet. Die Verunreinigungen durch die Düngung werden anhand der Düngungsrate AR und der Ablauffraktion α inkludiert. Diese beschreibt den Stickstoffgehalt, der im Laufe der Zeit ausgewaschen und nach Hoekstra et al. (2011, 142) mit 10 % der Düngungsauftragungsrate angenommen (kg/ha/Jahr) wird. Der Einfluss anderer Nährstoffe, wie Phosphor oder Kalium, wurde nicht analysiert.

Die Ergebnisse sind in Tabelle 12 zusammengefasst, der graue Water Footprint beträgt in diesem Fall 529 m^3/t. Aufgrund fehlender Daten wurde mit Werten aus der Literatur gerechnet, weshalb der wahre Wert höchstwahrscheinlich verfehlt wurde.

Tabelle 12: Überblick grauer Water Footprint von Baumwolle

Durchschnittliche Düngungsrate AR (kg/ha)	32,8
Ablauffraktion N**	10 %
A	0,1
Max. Konzentration* (kg/m^3)	0,01
Natürliche Konzentration** (kg/m^3)	0
Y*** (t/ha)	0,62
N- Verbrauch in Madhya Pradesh**** (kg/ha)	32,8
WF grau (m^3/t)	529

Quellen: eigene Darstellung nach *EPA (2012a), **Hoekstra et al. (2011, 142), ***Chapagain et al. (2006, 189), ****FAO (2005a, 16)

9.1.4 Gesamter Water Footprint des Baumwollanbaus

Die Ergebnisse des blauen und grünen Water Footprints für den Baumwollanbau zeigen, dass man abhängig von der jeweiligen CROPWAT 8.0 Option und Einstellung auf unterschiedliche Werte kommt (Tabelle 13). Der grüne Water Footprint ist bei der CWR Option wesentlich kleiner als bei der Irrigation Schedule Option, bei welcher die Bewässerungseinstellungen feiner abgestuft sind. Im Gegensatz dazu ist der blaue Water Footprint erheblich größer bei Verwendung der CWR Option.

Tabelle 13: Übersicht über grünen und blauen Water Footprint von Baumwolle

CROPWAT Option	Einheit	Crop Water Requirement Option	Irrigation Schedule Option A	Irrigation Schedule Option B
ET grün	mm	522,3	656,4	747,8
ET blau	mm	258,8	122,3	0
ETa	mm	781,1	778,7	747,8
CWU grün	m^3/ha	5 223	6 564	7 478
CWU blau	m^3/ha	2 588	1 223	0
CWU total	m^3/ha	7 811	7 787	7 478
WF grün	m^3/t	8 424	10 587	12 061
WF blau	m^3/t	4 174	1 973	0
WF Prozess	m^3/t	12 598	12 560	12 061

Quelle: eigene Darstellung nach FAO (2012b)

Abbildung 8 veranschaulicht, dass es bei den unterschiedlichen Optionen zu einer Verschiebung der Verhältnisse von blauem und grauem Water Footprint kommt. Der *gesamte* Water Footprint ändert sich jedoch nur geringfügig. Lediglich bei der Irrigation Schedule Option B, bei welcher auf künstliche Bewässerung verzichtet wird, sinkt die Gesamtsumme um rund 500 m^3/t, also um 4 %.

Abbildung 8: Vergleich der CROPWAT 8.0 Optionen

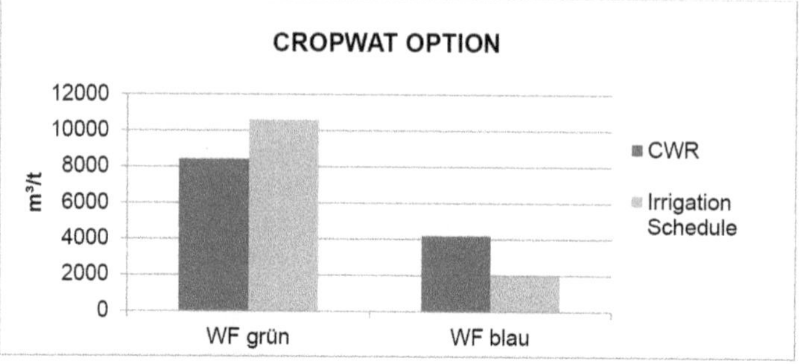

Quelle: eigene Darstellung nach FAO (2012b)

Da die Irrigation Schedule Option die feineren Abstufungen enthält und Bodentyp sowie Wasser sparende Bewässerungsformen berücksichtigt werden, wird mit den Ergebnissen der Option A (mit Bewässerung) für den gesamten Water Footprint weitergerechnet. Es ist allerdings zu berücksichtigen, dass der blaue Water Footprint kleiner ist. Bei der Wahl der CWR Option würde der gesamte Water Footprint deutlich „negativer" ausfallen, da hier der blaue Water Footprint größer ist. Da es sich um eine äußerst umweltfreundliche und schonende Bewirtschaftung handelt, ist die Wahl der Irrigation Schedule Option realitätsnäher. Abbildung 9 zeigt die prozentuale Verteilung des landwirtschaftlichen Water Footprints mit der Irrigation Schedule Option A. Der grüne Water Footprint ist mit 81 % am größten, während der blaue Water Footprint 15 % einnimmt. Der graue Water Footprint weist ein sehr geringes Ausmaß auf; er nimmt lediglich 4 % ein.

Abbildung 9: Water Footprint Baumwollanbau mit Irrigation Schedule Option

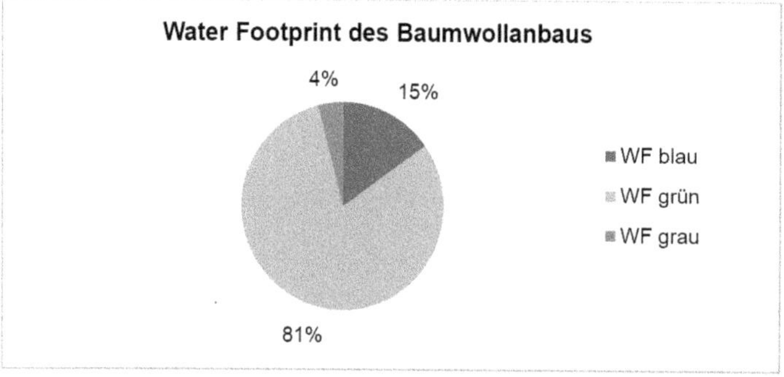

Quellen: eigene Darstellung nach Chapagain et al. (2006, 189), EPA (2012a), FAO (2005a, 16), FAO (2012b), Hoekstra et al. (2011, 142)

Zum Vergleich wird in der folgenden Abbildung noch einmal veranschaulicht, wie sich die Größe des blauen Water Footprints anhand der gewählten Option verändern kann. In diesem Fall ist er um mehr als die doppelte Menge größer als bei der feiner abstufenden Irrigation Schedule Option.

Abbildung 10: Water Footprint Baumwollanbau mit CWR Option

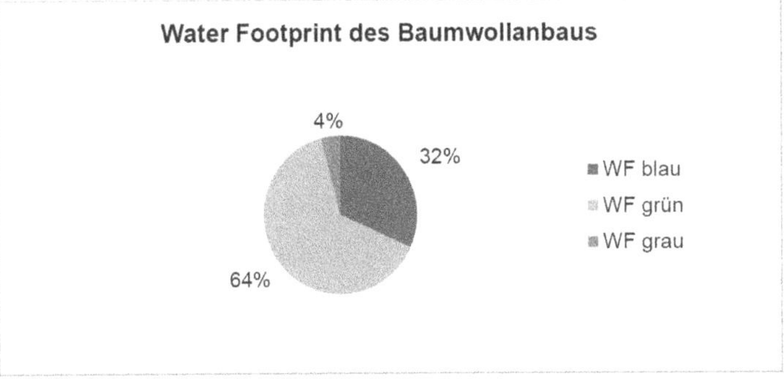

Quellen: eigene Darstellung nach Chapagain et al. (2006, 189), EPA (2012a), FAO (2005a, 16), FAO (2012b), Hoekstra et al. (2011, 142)

Der Water Footprint der Rohbaumwolle ergibt sich durch die Addition der blauen, grünen und grauen Komponenten. Je nach Option ergeben sich unterschiedliche Zusammensetzungen für den gesamten Water Footprint, die Summe bleibt jedoch fast unverändert mit 13 125 m^3/t und 13 089 m^3/t. Ausgenommen ist die Regenspeisung der Kultur mit 12 590 m^3/t, die einen geringeren Water Footprint ergibt, wobei die Erträge und die Feldauslastung nicht bei 100 % liegen.

Tabelle 14: Überblick Water Footprint des Baumwollanbaus

CROPWAT	WF blau	WF grün	WF grau	Gesamter WF
Einheit	m^3/t	m^3/t	m^3/t	m^3/t
CWR	4 172	8 424	529	13 125
Irrigation Schedule A	1 973	10 587	529	13 089
Irrigation Schedule B	0	12 061	529	12 590

Quellen: eigene Darstellung nach Chapagain et al. (2006, 189), EPA (2012a), FAO (2005a, 16), FAO (2012b), Hoekstra et al. (2011, 142)

9.2 Water Footprint der Textilerzeugung

Im folgenden Kapitel werden die Ergebnisse der Textilerzeugung präsentiert. Für die Berechnung wurden Daten aus diversen Studien herangezogen. Es ist anzumerken, dass sich bei jedem Fallbeispiel die industriellen Verarbeitungsprozesse anders zusammensetzen können. Jene, die in diesem Fall nicht in die Berechnung inkludiert werden, können bei einem anderen Fallbeispiel erhebliche Mengen an Wasser verbrauchen, speziell bei konventionell gefertigten Textilien.

9.2.1 Blauer Water Footprint

In dieser Fallstudie sind die relevanten Prozesse für den Water Footprint das Färben und die Endfertigung der Stoffe. Aufgrund fehlender Daten wurden für die Berechnung Vergleichsdaten aus einer Studie herangezogen. Tabelle 15 zeigt den Wasserverbrauch und die Menge an Abwasser (m^3/t), welche in der thailändischen Textilindustrie anfallen (Visvanathan et al., 2007, 4).

Für die Berechnung des blauen Water Footprints wurde mit den Durchschnitten aus Minimum und Maximum gerechnet. Der blaue Water Footprint wird nach Formel 7 aus der Differenz von Wasserein- und Ausgang errechnet (m^3/t) und beträgt 15 m^3/t.

Tabelle 15: Blauer industrieller Water Footprint

Wasserverbrauch (m^3/t)			**Abwasseraufkommen (m^3/t)**			**WF blau**
Min	Max	Durchschnitt	Min	Max	Durchschnitt	m^3/t
125	160	143	116	140	128	15

Quelle: eigene Darstellung nach Visvanathan et al. (2007, 4)

9.2.2 Grauer Water Footprint

Entscheidend für den grauen Water Footprint ist die Zusammensetzung des Abwassers. Die gängigsten Messgrößen für Abwasserinhaltsstoffe sind der biochemische Sauerstoffbedarf (BSB), der chemische Sauerstoffbedarf (CSB) und der gesamte Trockensubstanzgehalt (TSS) (Hoekstra et al., 2011, 142). Anhand dieser Summenparameter werden organische Verunreinigungen gemessen. Sie entstehen durch organische Kohlenstoffverbindungen im Abwasser wie durch beispielsweise Fette, Eiweiße und Kohlenhydrate, aber auch durch synthetische Stoffe (Lösungsmittel und Pestizide) (Haberl, 2009, s.p.).

Die maximalen Konzentrationen (kg/m^3) der Messgrößen wurden der Studie Chapagain et al. (2006, 193) entnommen. Da die Konzentration nicht genau bekannt ist, wird die natürliche Konzentration mit Null angenommen (Hoekstra et al., 2011, 30). Die Abwassermenge (m^3/t) wird für die einzelnen Abwasserinhaltstoffe der jeweiligen Prozesse errechnet. Ihre jeweilige Konzentration (kg/t) wird durch die Differenz der maximal akzeptablen Konzentration und der natürlichen Konzentration (kg/m^3) dividiert (Formel 11).

Die Ergebnisse der Abwassermengen der Färbung und der Endfertigung sind Tabelle 16 und Tabelle 17 zu entnehmen. Die Summen der Abwassermengen der einzelnen Prozessstufen sind ebenfalls angeführt. Aus diesen wird der höchste Wert gewählt, der gleichzeitig den grauen Water Footprint darstellt. Bei diesem Abwasserinhaltsstoff werden die anderen Schadstoffe bereits berücksichtigt. Der graue Water Footprint der Textilerzeugung beträgt 240 m^3/t.

Tabelle 16: Übersicht Abwasser

Prozesse		Färben	Endfertigung	Summe
Abwasserinhaltsstoffe*(kg/t)	BSB	6	6	
	CSB	24	25	
	TSS	0	12	
Abwassermenge(m^3/t)**	BSB	120	120	240
	CSB	96	100	196
	TSS	0	240	240

Quellen: eigene Darstellung nach *Chapagain et al. (2006, 193), **Hoekstra et al. (2011, 142)

Aufgrund der unsicheren Datenlage sind die Ergebnisse mit hoher Wahrscheinlichkeit verfälscht. Die Textilfertigung zeichnet sich durch eine Vielzahl an Veredelungsprozessen aus, die erhebliche Mengen an Wasser benötigen können. Da es sich bei dem vorliegenden Fallbeispiel um ein GOTS zertifiziertes Produkt mit dementsprechenden Auflagen handelt, kann von einem niedrigen grauen Water Footprint ausgegangen werden.

Tabelle 17: Wasserqualitätsstandards

Wasserqualitätsstandards (kg/m^3)	BSB	CSB	TSS
Max. Konzentration*	0,05	0,25	0,05
Natürliche Konzentration**	0	0	0
WF grau (m^3/t)	240		

Quellen: eigene Darstellung nach *Chapagain et al. (2006, 193), **Hoekstra et al. (2011, 142)

9.2.3 Gesamter Water Footprint der Textilerzeugung

Da bei der Textil*erzeugung* keine grünen Wasserressourcen beansprucht werden, sind nur die blaue und graue Kategorie für den Water Footprint relevant. Abbildung 11 zeigt die prozentuelle Aufteilung. Während der blaue Teil nur 6 % ausmacht, entfällt der Großteil des Water Footprints auf die graue Kategorie mit 94 %.

Abbildung 11: Water Footprint industrieller Prozesse

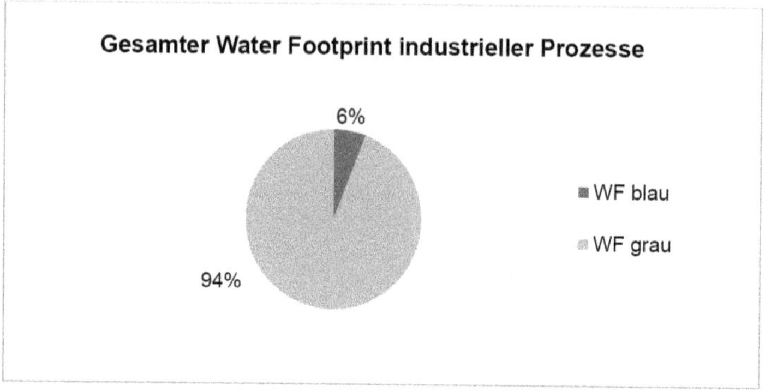

Quellen: eigene Darstellung nach Chapagain et al. (2006, 193), Hoekstra et al. (2011, 142), Visvanathan et al. (2007, 4)

Das Verhältnis der grauen und blauen Water Footprints ist somit sehr einseitig. Große Mengen an Wasser werden verbraucht, dabei fällt der blaue Water Footprint kaum ins Gewicht, während der graue um das 16-fache höher ist. Der gesamte Water Footprint der Textilerzeugung auf Mauritius beträgt 255 m^3/t.

Abbildung 12: Verhältnis von blauem und grauem Water Footprint

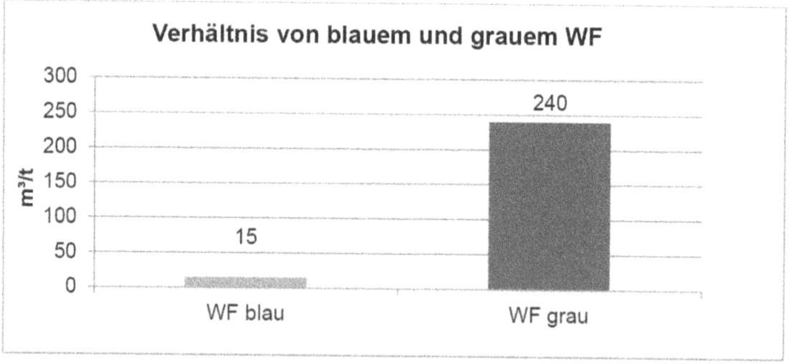

Quellen: eigene Darstellung nach Chapagain et al. (2006, 193), Hoekstra et al. (2011, 142), Visvanathan et al. (2007, 4)

9.3 Gesamter Water Footprint der Fallstudie

Die Addition der grünen, blauen und grauen Kategorie ergibt den gesamten Water Footprint. Für diesen wurden die Daten der Irrigation Schedule Option A für den Baumwollanbau herangezogen. Diese gelten als präziser, womit die Genauigkeit der Berechnung erhöht wird (Tabelle 18). Bei der Textilerzeugung wurde für den blauen Water Footprint der Durchschnittswert verwendet. Da die blaue Wassermenge im Vergleich zum Baumwollanbau erheblich niedriger ist, hat dieser Wert keinen wesentlichen Einfluss auf den gesamten Water Footprint.

Der gesamte blaue Water Footprint ergibt 1 988 m^3/t, der grüne 10 587 m^3/t und der graue 769 m^3/t. Betrachtet man die Summen der Prozesse, so stehen 13 089 m^3/t beim Baumwollanbau 255 m^3/t bei der Textilerzeugung gegenüber. Das Verhältnis der beiden Herstellungsprozesse ist sehr unausgeglichen. Der Baumwollanbau hat einen erheblich höheren Einfluss auf den gesamten Water Footprint als die Textilerzeugung. Die Summe der Water Footprints beträgt insgesamt 13 344 m^3/t.

Tabelle 18: Übersicht der Water Footprints

Water Footprint (m^3/t)	Baumwollanbau	Textilerzeugung	Summe
blau	1 973	15	1 988
grün	10 587	0	10 587
grau	529	240	769
Gesamt	13 089	255	13 344

Quelle: eigene Darstellung nach Chapagain et al. (2006, 189; 193), EPA (2012a), FAO (2005a, 16), FAO (2012b), Hoekstra et al. (2011, 142), Visvanathan et al. (2007, 4)

Wie aus Abbildung 13 ersichtlich ist, besteht ein großes Ungleichgewicht bei der Herstellung. Der graue Anteil ist sehr gering und kennzeichnet am signifikantesten die Textilerzeugung. Die blaue Kategorie kann bei dieser vernachlässigt werden, sie ist vor allem beim Baumwollanbau vertreten. Den größten Teil des Water Footprints nimmt die grüne Komponente beim Baumwollanbau ein.

Abbildung 13: Graphische Übersicht der Water Footprints

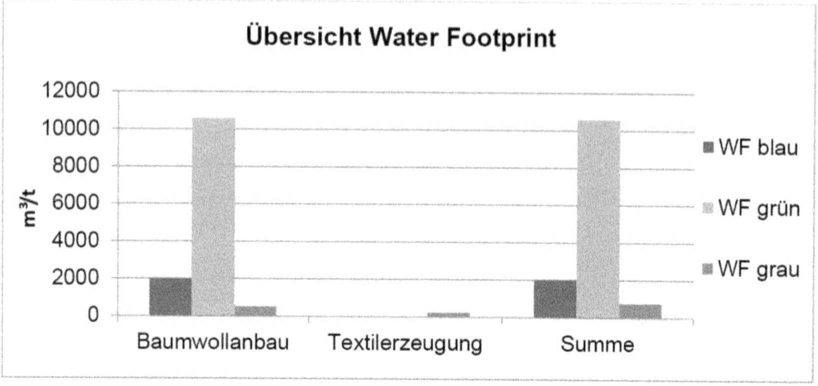

Quellen: eigene Darstellung nach Chapagain et al. (2006, 189; 193), EPA (2012a), FAO (2005a, 16), FAO (2012b), Hoekstra et al. (2011, 142), Visvanathan et al. (2007, 4)

Die prozentuale Verteilung des gesamten Water Footprints ist in Abbildung 14 dargestellt. Die Werte beider Prozesse wurden zusammengefasst. Für die graue Kategorie ergeben sich 6 %, der blaue Anteil macht 15 % aus und der grüne Water Footprint dominiert mit 79 %.

Abbildung 14: Prozentuale Verteilung des Water Footprints

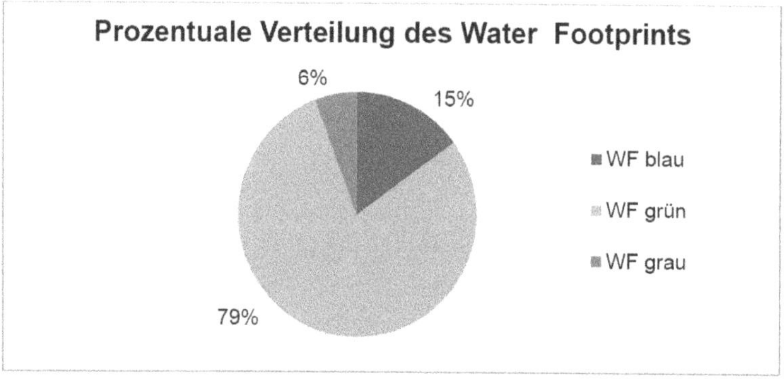

Quellen: eigene Darstellung nach Chapagain et al. (2006, 189; 193), EPA (2012a), FAO (2005a, 16), FAO (2012b), Hoekstra et al. (2011, 142), Visvanathan et al. (2007, 4)

Zur Berechnung des Water Footprints eines T-Shirts wurde Formel 2 herangezogen. Der Water Footprint eines Produkts ist demnach die Summe aller Water Footprints der Prozesse geteilt durch die Produktionsquantität des Produkts. In diesem Fall ist die Produktionsquantität mit einem 250 g T-Shirt festgelegt (Chapagain et al., 2006, 193).

Die Summe aller Water Footprints der Herstellungsprozesse beträgt 13 344 m³/t. Für das 250 g T-Shirt ergeben sich 3 336 l. Die folgende Tabelle zeigt die gerundeten Ergebnisse für den blauen, grünen und grauen Anteil des gesamten Water Footprints in Litern.

Tabelle 19: Water Footprint

Water Footprint Gesamt (l)	3 336
blau	500
grün	2 635
grau	200

Quellen: eigene Darstellung nach Chapagain et al. (2006, 189; 193), EPA (2012a), FAO (2005a, 16), FAO (2012b), Hoekstra et al. (2011, 142), Visvanathan et al. (2007, 4)

Abbildung 15 zeigt noch einmal den überwiegenden Anteil der grünen Komponente und die vergleichsweise niedrigen blauen und grünen Water Footprints. Anhand der Balken kann man erkennen, dass der grüne Water Footprint den Großteil des gesamten Water Footprints ausmacht.

Abbildung 15: Water Footprint der Fallstudie

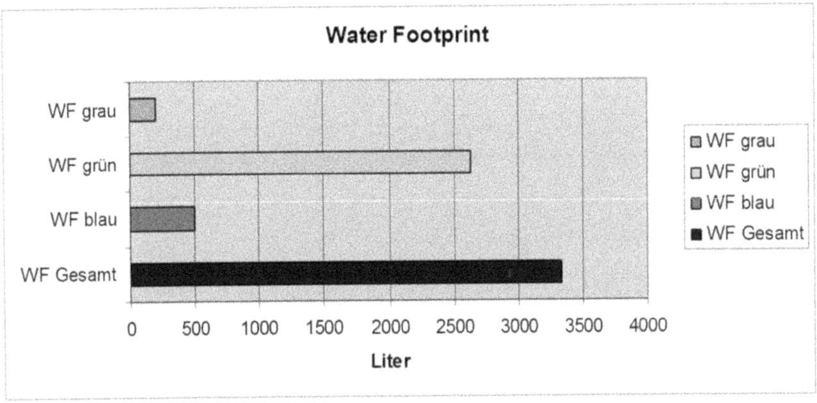

Quellen: eigene Darstellung nach Chapagain et al. (2006, 189; 193), EPA (2012a), FAO (2005a, 16), FAO (2012b), Hoekstra et al. (2011, 142), Visvanathan et al. (2007, 4)

10. Diskussion

Die Ergebnisse und die Methode der Water Footprint Berechnung werden nun einer kritischen Analyse unterzogen. Daran schließen Vorschläge zur Verringerung des Water Footprints, Konsequenzen und der mögliche Nutzen für die Gesellschaft. Die Idee, Textilien mit einem Water Footprint Label zu kennzeichnen, wird ebenfalls diskutiert.

10.1 Ergebnisse

An dieser Stelle werden die Ergebnisse der Studie und ihre Interpretation behandelt und Resultaten vergleichbarer Studien gegenübergestellt. Um die Relevanz des errechneten Wertes abschätzen zu können, ist es notwendig die Ergebnisse in Beziehung mit der örtlichen Situation der Wasserressourcen zu setzen. Hoekstra et al. (2011,75ff) merkt an, dass bei einer derartigen Analyse zahlreiche Fragen hoher Komplexität aufgeworfen werden, deren Beantwortung nicht immer möglich ist. Das wird auch im folgenden Abschnitt bestätigt. Ein Water Footprint gilt als nachhaltig, wenn er unter dem globalen Durchschnitt liegt, keiner der Produktionsvorgänge an einem lokalen Hotspot stattfindet und keine seiner Komponenten reduziert oder unter zumutbaren Kosten vermieden werden kann.

10.1.1 Water Footprint des Baumwollanbaus

Die Analyse des Water Footprints ergibt, dass der *Ort* des Anbaus mit seiner standortspezifischen Wassersituation den größten Einfluss ausübt. Die Kultivierung der Baumwolle verlangt große Mengen Wasser, die abhängig vom Anbaugebiet entscheidend variieren können, was auch die Studie von Chapagain et al. (2006, 187f) bestätigt. Auch das Water Footprint Network (2012) unterstützt diese These. Hier ergibt der Water Footprint für Baumwolle aus China 6 000 l/kg, für die USA 8 100 l/kg, für Pakistan 9 600 l/kg, für Usbekistan 9 200 l/kg und für Indien 22 500 l/kg. Abbildung 16 zeigt, dass Indien im Vergleich zu anderen Produktionsländern den größten Water Footprint aufweist. Aufgrund der Ergebnisse dieser und anderer Fallstudien ist Indien wegen des hohen Wasserverbrauchs beim Baumwollanbau vorerst kein geeignetes Produktionsland.

Abbildung 16: Water Footprints des Baumwollanbaus

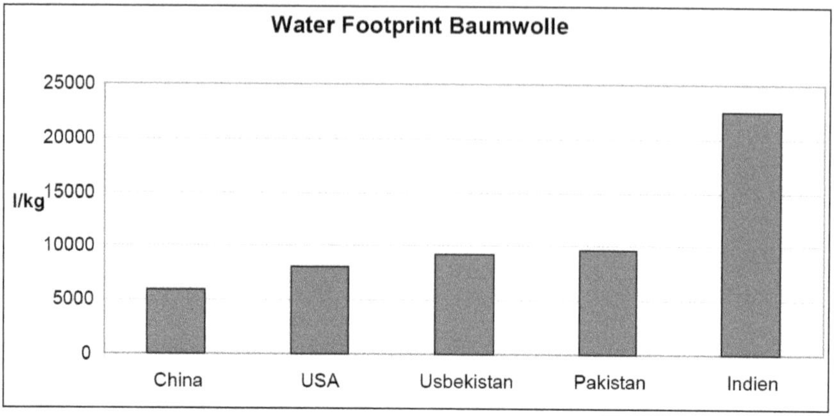

Quelle: eigene Darstellung nach Water Footprint Network (2012)

Indien nimmt laut Chapagain et al. (2006, 190f) beim Baumwollanbau eine Sonderstellung ein. Gemeinsam mit Pakistan, Usbekistan, etc. zählt es zu den *wasserintensiven* Ländern. Baumwolle aus China oder den USA gilt hingegen als *wasserextensiv*. Die Wahl des Anbaulandes sollte auf wasserextensive Länder fallen, die einen möglichst niedrigen Water Footprint haben. Durch den insgesamt hohen Water Footprint Indiens wäre also eine Verbesserung durch die Wahl eines anderen Produktionsstandorts, wie beispielsweise den USA oder Brasilien, anzustreben. Im Vergleich zu Standorten wie Pakistan und Usbekistan ist allerdings Indien der Vorzug zu geben. Beide Länder besitzen einen niedrigen Water Footprint, zählen aber zu den wasserintensiven Standorten. Negativ ist auch die Ausprägung ihrer Water Footprints, die vorwiegend blau und grau ist.

Eine genauere Beurteilung ist durch die *Aufspaltung* in die Kategorien grün, blau und grau möglich. Wie bereits im theoretischen Teil dargestellt (siehe Kapitel 5.4.4) ist der Niederschlag eine grüne Wasserressource. Im jeweiligen Kontext ist nun zu beurteilen, ob es sich bei der Anbauregion um eine niederschlagsarme oder –reiche Region handelt. In letzterem Fall kann bei einem hohen gesamten Water Footprint der grüne Anteil ausschlaggebend für die *Qualität* des Water Footprints sein, da die anfallenden Niederschläge durch die Kultivierung sinnvoll genutzt werden. Wie die Ergebnisse zeigen, ist bei der indischen Baumwolle der grüne Water Footprint enorm hoch (siehe Kapitel 9.1). Der Grund ist, dass die Kultivierung durch die klimatischen Bedingungen geprägt ist und nur eine teilweise Bewässerung verlangt. Die restliche Bewässerung erfolgt durch Niederschläge. Laut dem WWF (2001, 22) werden sogar rund 70 % der indischen

Baumwollfelder ausschließlich durch Regen gespeist. Bei der Herstellung von Gütern aus grünen Wasserressourcen entstehen keine Kosten und es erfolgt eine sinnvolle Nutzung der Ressourcen. Güter mit einem grünen Water Footprint sind demnach positiv zu bewerten, wie auch der Water Footprint des Fallbeispiels (Schubert, 2011, 26), gleichzeitig ist aber die vorhin besprochene Höhe von Nachteil.

Der blaue Anteil des Water Footprints ist bei der Fallstudie im Vergleich zur grünen Kategorie gering. Dennoch würde sich eine Reduktion positiv auswirken, was durch eine ausschließlich natürlichen Bewässerung durch Niederschlag erreicht werden kann (siehe Szenario B). Diese führt allerdings zu Ertragseinbußen, weshalb eine zusätzliche künstliche Bewässerung aus wirtschaftlicher Sicht notwendig ist. Generell ist man in Indien für die Problematik des Wasserverbrauchs für Bewässerungszwecke bereits sensibilisiert und forciert wassersparende Technologien (FAO, 2010).

Der graue Anteil des Water Footprints ist sehr gering, nimmt aber durch seine Auswirkungen auf die Umwelt eine tragende Rolle ein. Es handelt sich dabei nicht um den Anteil an Dünge- und Pflanzenschutzmittel, sondern um jene *Verdünnungsmenge* die notwendig ist um die anfallenden Verschmutzungen in den belasteten Gewässern zu neutralisieren (Matzke, 2011, 5). Der geringe graue Water Footprint ist darum als positiv zu betrachten. Einsparungen und eine Verringerung sind kaum möglich, da bei der Düngung bereits auf umweltschonende Düngemittel zurückgegriffen wird. Das niedrige Ergebnis ergibt sich vorwiegend aus dem niedrigen Stickstoffverbrauch in der Region Madhya Pradesh mit 32,8 kg/ha (FAO, 2005a, 16). Dieser ist um die Hälfte niedriger als der durchschnittliche Verbrauch in ganz Indien mit 66 kg/ha (Chapagain et al., 2006, 192). Im Vergleich zu anderen Regionen Indiens handelt es sich aus der Sicht des grauen Water Footprints um einen empfehlenswerten Standort. Die Voraussetzung ist eine Düngung, die sich an dem durchschnittlichen Verbrauch der Region ausrichtet, oder – wie bei der Fallstudie vermutet wird – deutlich unter diesem liegt.

Die vorliegenden Ergebnisse stärken die Schlussfolgerung, dass die Wahl des Produktionsstandortes zwar wesentlich sein kann, die örtlichen Gegebenheiten allerdings ebenfalls berücksichtigt werden müssen. Länder, die als wasserintensive Anbauregionen gelten und über wenige blaue Wasserressourcen verfügen, sollten nicht für den Baumwollanbau gewählt werden. Wertvolle Wasserressourcen können auf diese Weise einer Nutzung durch die ansässige Bevölkerung vorbehalten werden, denn durch den Export von Rohbaumwolle werden die wertvollen Wasserressourcen in andere Länder verschoben.

10.1.2 Water Footprint der Textilerzeugung

Die Ergebnisse des Water Footprints der Textilerzeugung sind aufgrund der unzureichenden Verfügbarkeit von Daten mit Vorsicht zu interpretieren. Im Vergleich zur Rohstoffgewinnung ist der Water Footprint der Textilerzeugung äußerst klein. Dies ist hauptsächlich auf die Datenqualität zurückzuführen, da Vergleichsdaten aus anderen Studien herangezogen und mit Durchschnittswerten gerechnet wurde. Nur wenige Prozesse wurden in die Berechnung einbezogen. Die Wahrscheinlichkeit von Verfälschungen ist also hoch und der tatsächliche Water Footprint vermutlich größer.

Trotz der Datenproblematik kann aus den Ergebnissen eindeutig abgelesen werden, dass der graue Water Footprint den größten Anteil in der Textilerzeugung ausmacht. Dieser ist als negativ zu beurteilen, da es zur Verschmutzung von Wasserressourcen kommt. Die Ursachen für den niedrigen Water Footprint liegen beim Wegfall von Arbeitsvorgängen. Beispielsweise besteht in diesem Fall beim Spinnprozess kein Wasserbedarf. Die Studie Chapagain et al. (2006, 193) zeigt, dass das Bedrucken der Textilien enorme Mengen an Wasser verbrauchen bzw. kontaminieren kann. Es würden zusätzlich 142 m^3/t an Abwasser anfallen. Dies wurde bei der Fallstudie nicht berücksichtigt, da es sich um einen Siebdruck im Rahmen der Konfektion handelt. Obwohl bei der Berechnung nicht speziell auf die schadstofffreundliche Produktion eingegangen werden konnte, zeigen die Ergebnisse im Vergleich zu konventionellen Produkten, dass der Water Footprint bei der Textilerzeugung durch weniger Einsatz von Wasser niedriger ausfallen kann. Der graue Water Footprint von konventionellen Produkten (750 m^3/t), bei denen sämtliche Arbeitsschritte am selben Ort durchgeführt werden, verursacht um 313 % mehr Verschmutzungen als das vorliegende Fallbeispiel mit 240 m^3/t.

Die Analyse des Produktionsstandorts ergibt, dass Mauritius aufgrund der knapp verfügbaren Wasserressourcen für die Herstellung eher ungeeignet ist. Der Water Footprint ist auf den ersten Blick klein, die Produktion liegt aber an einem Hotspot. Wie in Kapitel 7.3 beschrieben, ist die Ressource Wasser strengsten Regelungen unterworfen, da der Inselstaat immer wieder mit Wasserknappheit zu kämpfen hat. Dadurch kann es zum Konflikt zwischen Industrie und der Befriedigung von menschlichen Grundbedürfnissen kommen. Nicht nur die Entnahme von Wasser für Produktionszwecke, sondern vor allem die Verschmutzung ist kritisch zu bewerten. Lässt man die wirtschaftliche Bedeutung der Textilindustrie für Mauritius unberücksichtigt, wäre eine wasserreichere Region für die Textilerzeugung empfehlenswerter.

Interessant wäre, ob großteils Fließ- oder Grundgewässer für die Produktion in der Textilfabrik verwendet werden. Die Entnahme aus Grundgewässern ist aus ökologischer Sicht weit bedenklicher zu bewerten als die Verwendung von Wasser aus Fließ- und Oberflächengewässern. Die monetären Unterschiede lassen vermuten, dass aus Kostengründen wahrscheinlich eher Wasser aus Oberflächengewässern verwendet wird.

10.1.3 Water Footprint der Fallstudie

Insgesamt ist der Water Footprint des Fallbeispiels hoch. Das ergibt sich aus dem wasserintensiven Baumwollanbau in Indien. Im Vergleich dazu veranschlagt das Water Footprint Network (2012) für die Herstellung eines T-Shirts 2 495 l. Dieser Wert stellt den globalen Durchschnitt dar, das Fallbeispiel benötigt jedoch um 24,3 % mehr an Wasserressourcen (siehe Abbildung 17). Bei einem durchschnittlichen T-Shirt fallen 54 % auf den grünen, 33 % auf den blauen und 13 % auf den grauen Water Footprint. Der Gesamte und der grüne Water Footprint des Produktbeispiels sind höher als diese Werte, während der blaue und der graue Water Footprint geringer ausfallen.

Abbildung 17: Water Footprint des Fallbeispiels und des globalen Durchschnitts

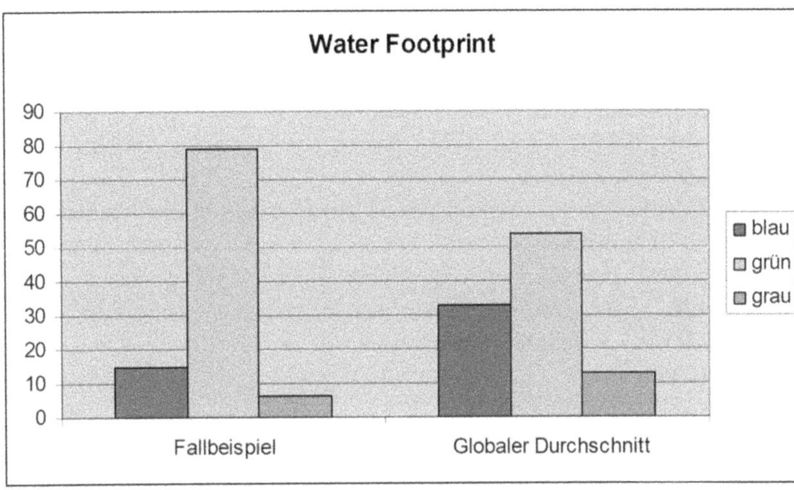

Quelle: eigene Darstellung nach Water Footprint Network (2012)

Die Ursache ist der *Produktionsstandort* der Baumwolle, da dort die höchste Menge an Wasser verbraucht wird. Indien hat einen großen Water Footprint, der sich hauptsächlich aus grünen Wasserressourcen zusammensetzt. Darum nimmt dieses Land eine Sonderstellung ein, was eine eindeutige Beurteilung erschwert. Die verwendeten Niederschläge könnten auch in der Nahrungsmittelproduktion eingesetzt werden. Zusätzlich wird das für die Kultivierung eingesetzte Wasser durch den Export der Baumwolle ausgelagert. Andere Standorte benötigen geringere Wassermengen zur Bewässerung, weshalb nicht von einem nachhaltigen Umgang mit Wasser gesprochen werden kann.

Aus der Sicht des Water Footprints ist Mauritius aufgrund der Wasserknappheit und dem anschließenden Export der Waren auch kein unumstrittener Produktionsstandort. Die Wassernutzung des Inselstaates ist streng geregelt, bei Engpässen konkurrieren die industrielle und landwirtschaftliche Produktion mit der menschlichen Grundversorgung. Abseits dieser Problematik lassen sich dennoch positive Aspekte finden. Die ökologische und faire Herstellung wirkt sich positiv auf die ansässige Bevölkerung und die lokale Umwelt aus. Der niedrige Water Footprint kann aber trotzdem nicht als nachhaltig bezeichnet werden.

Insgesamt ist eine Nachhaltigkeit des Water Footprints laut Definition von Hoekstra et al. (2011, 157) nicht gegeben. Der gesamte Water Footprint liegt über dem globalen Durchschnitt. Beide Produktionsstandorte sind aus unterschiedlichen Gründen nicht vertretbar. Eine Optimierung des Water Footprints wäre durch eine Änderung des Standorts zu erreichen, nicht aber durch Optimierungen der Herstellungsprozesse selbst. Die Wasserressourcen werden bereits den örtlichen Gegebenheiten entsprechend sparsam eingesetzt. Die Bewässerungstechnik ist effizient und sparsam, Prozesse wie der Druck erfolgen mit geringem Wasserverbrauch. Auf Stoffe (z.B. Pestizide), die sich negativ auf die Abwässer auswirken, wird großteils verzichtet. Lediglich bei der Abwasserreinigung ließen sich Verbesserungen erzielen.

Aufgrund des hohen Water Footprints bei der Herstellung der Baumwolltextilien und den ungünstigen Produktionsstandorten kann das nach fairen und ökologischen Prinzipien produzierte Produktbeispiel nicht als wasserfreundlich beurteilt werden. In Zukunft bedarf es einer genaueren Untersuchung der Standorte, um auch hinsichtlich des Wasserverbrauchs im Sinne der Nachhaltigkeit produzieren zu können.

10.1.4 Vorschläge zur Verringerung des Water Footprints

Verbesserungen beim Water Footprint können durch die Wahl eines geeigneten Produktionsstandorts erfolgen. Indien nimmt durch den grünen Water Footprint eine Sonderstellung ein. Andere Standorte (USA oder Brasilien) weisen niedrigere Werte auf (siehe Kapitel 10.1.1), da die Kulturen ausschließlich durch Niederschläge gespeist werden.

Wasserarme Länder sollten ihre Ressourcen nicht für die Herstellung von Gütern zur Verfügung stellen, die anschließend exportiert werden.

Landwirtschaftliche Flächen sind nur begrenzt verfügbar und dienen hauptsächlich der Ernährung der wachsenden Weltbevölkerung. Obwohl durch die zunehmende Produktivität die Erträge steigen, ist diese nicht sichergestellt. Der Baumwollanbau aber auch die Bioethanolerzeugung stehen in direkter Konkurrenz zur Nahrungsmittelerzeugung (Engelhardt, 2012, 74ff).

Zur Bewässerung sollten wassersparende Technologien eingesetzt werden. Das Auffangen von Niederschlägen für spätere Bewässerungszwecke kann zum Schutz blauer Wasserressourcen beitragen. Sogenannte Zisternen werden bereits in Kleingärten oder regenarmen Gebieten zur Wasserspeicherung verwendet. Der Zeitpunkt des Anbaus und der Ernte haben nicht nur Einfluss auf den Ertrag, sondern auch auf den Water Footprint. Erwirtschaftet eine Fläche höhere Erträge, so verringert sich auch der Water Footprint (siehe beispielsweise Formel 6).

Obwohl eine biologische Bewirtschaftung aufgrund der unsicheren Datenlage methodisch (noch) nicht berücksichtigt wird, würde diese zur Reduktion des Water Footprints beitragen. Betroffen wäre speziell der graue Water Footprint, der sich durch den niedrigen Stickstoffeintrag verringert, wodurch sich die Wasserqualität in der Region verbessert.

Bei industriellen Produktionsprozessen besteht eine Möglichkeit zur Verringerung des grauen Water Footprints in der Abwasserbehandlung und Reinigung (Hoekstra et al., 2011, 31). Der Einsatz von effizienteren und sparsameren Technologien führt zu einer Reduktion des grauen und blauen Water Footprints, denn umweltfreundlichere und effiziente Herstellungsverfahren verringern den Wasserverbrauch und den Schadstoffanfall.

Eine generelle Verbesserung des Water Footprints wäre durch die Wahl einer anderen Faserart zur Herstellung der Textilien zu erzielen. Baumwolle weist im Vergleich zu anderen Faserarten den höchsten Wasserverbrauch bei der Herstellung auf. Aus diesem Grund würde sich die Verwendung einer weniger wasserintensiven Faserart mit ähnlichen Eigenschaften anbieten.

Synthetische Fasern benötigen wesentlich geringere Mengen an Wasser, da der wasserintensive Anbau entfällt. Obwohl der Bedarf an Kleidung mit synthetischen Fasern durchaus gedeckt werden könnte, bilden einige ungünstige Trageeigenschaften ein erhebliches Hindernis. Von vielen Verbrauchern wird die unangenehme Geruchsentwicklung als negativ empfunden. Naturfasern hingegen werden von den Konsumenten wegen ihrer hohen Feuchtigkeitsaufnahme und Saugfähigkeit geschätzt. Die Kompromissbereitschaft der Kunden ist in Bezug auf das persönliche Wohlbefinden und den Tragekomfort gering. Gegen den Ersatz von Baumwolle durch synthetische Fasern spricht auch, dass der Großteil des Wasserverbrauchs bei der Herstellung von Chemiefasern der Kühlung dient. Durch das Wiedereinleiten des verwendeten Wassers in Flüsse kommt es zu einer erhöhten Oberflächenwassertemperatur. Diese führt zur Beeinträchtigung der aquatischen Lebensgemeinschaft und der Trinkwasserqualität. Aus diesen Gründen ist von der Kompensation von Baumwolle mit synthetischen Fasern abzuraten.

Eine weitere Möglichkeit bietet der Ersatz von Baumwolle durch zellulosische Fasern, die ähnliche Eigenschaften – gute Aufnahmefähigkeit von Feuchtigkeit und Saugfähigkeit – besitzen. Sie weisen einen niedrigen Wasserverbrauch auf, obwohl für die Gewinnung der Fasern natürliche Ressourcen benötigt werden. Als Ausgangsstoff dienen Buche, Eukalyptus oder Bambus. Bei der Kultivierung erfolgt keine Bewässerung mit blauen Wasserressourcen, die Bestände werden durch Regen gespeist. Auf der negativen Seite stehen die entstehenden Abwässer bei der Verarbeitung durch den Einsatz von Chemikalien, die sich auf den grauen Water Footprint negativ auswirken (Engelhardt, 2012, 145ff).

Eine zukunftsfähige, umweltfreundliche Alternative aus der Reihe der Naturfasern wäre die seit kurzem wiederentdeckte *Hanffaser*, die sich aufgrund der Trageeigenschaften durchaus mit der Baumwolle messen kann. Laut Engelhardt (2012, 159) beträgt der Water Footprint pro Kilogramm durchschnittlich 10 000 l für Baumwolle, während für Hanf weniger als 4 000 l anfallen. Der Water Footprint von Hanffasern ist nicht nur geringer, sondern auch zum Großteil grün, da eine Bewässerung nicht notwendig ist (Mekonnen und Hoekstra, 2011, 1583). Durch das jahrzehntelange Kultivierungsverbot von Hanf ist allerdings die heimische Technologie im Rückstand. Langfristig werden die technologischen Defizite behoben werden und Hanf wieder wettbewerbsfähig (siehe Kapitel 2.1.1). Die Hanffaser ist die beste Alternative zur Baumwolle, da sie in vielerlei Hinsicht Vorteile bietet. Aus ökologischer Sicht kann sie auf jeden Fall empfohlen werden. Die Faser besteht aus nachwachsenden Rohstoffen und die Produktion ist nachhaltig (Knieli et al., s.a., 21).

10.2 Methode

Dieses Kapitel behandelt die Vorteile, Schwachstellen und Verbesserungsmöglichkeiten der Methode.

10.2.1 Vorteile

Das Modell des Water Footprints setzt auf die Vereinfachung des gesamten Verarbeitungsprozesses. Die Aufteilung in den landwirtschaftlichen und in den industriellen Bereich erleichtert die Bearbeitung, da eine sinnvolle Übersichtlichkeit geschaffen wird. Berechnung und Analyse der Ergebnisse werden durch die Reduktion auf relevante Faktoren vereinfacht. Auf diese Weise lassen sich jene Einflüsse herausarbeiten, die sich auf die Größe und Ausprägung des Water Footprints auswirken. Hotspots und wasserintensive Arbeitsvorgänge werden identifiziert.

Im Zuge der Berechnung werden die Produktions*umstände* offengelegt, wodurch mehr Transparenz in der textilen Kette geschaffen werden kann. Bei dem Produktbeispiel aus der Ökomode ist die textile Kette nur teilweise transparent und nachvollziehbar. Es konnten zwar Informationen über die Standorte gefunden werden, spezielle Details über die genauen Produktionsumstände und den Wasserverbrauch – v.a. bei der industriellen Fertigung der Textilien – konnten nicht eruiert werden.

Aus der praktischen Erfahrung mit dem Water Footprint kann die gute Berechenbarkeit von agrarischen Produkten betont werden. Ausschlaggebend sind die Datenbank CLIMWAT 2.0 und das Computerprogramm CROPWAT 8.0. Diese stellen für Produkte mit landwirtschaftlichem Ursprung den Großteil der benötigten Klima- und Bestandsdaten zur Verfügung. Die unterschiedlichen Optionen bei CROPWAT 8.0 bieten die Möglichkeit mit unterschiedlichen Szenarien zu rechnen, wobei vor allem die Irrigation Schedule Option sehr präzise arbeitet.

10.2.2 Kritikpunkte

Der Water Footprint stellt zwar eine neue Betrachtung der Wasserressourcen dar, durch die Fokussierung auf nur einen Faktor ist die Perspektive jedoch sehr einseitig. Andere Umweltthematiken, soziale und wirtschaftliche Aspekte bleiben unberücksichtigt. Die Auswirkungen des Klimawandels, die einen erheblichen Einfluss auf die landwirtschaftlichen Kulturen und ihre Erträge haben, werden nicht beachtet. Da Hoekstra et al. (2011, 116) die Wichtigkeit des Standorts betont, muss darauf aufmerksam gemacht werden, dass sich die Wasserknappheit durch den Klimawandel in manchen Regionen bereits verschlimmert hat.

Laut Kirschbaum (2011, s.p.) sind die Darstellung und die Analyse der Ergebnisse des Water Footprints komplex und die Dimensionen schwer erfassbar, wenn man sich nicht vorher eingehend mit der Materie beschäftigt hat. Umweltfreundliche Produktionsweisen bleiben teilweise unberücksichtigt. Dies hätte besonders auf die Größe des grauen Water Footprints Auswirkungen, da in der biologischen Landwirtschaft der Stickstoffeinsatz wesentlich geringer ist. Positive Effekte, wie die Auswirkungen des umweltfreundlichen Anbaus auf die

Bodenfruchtbarkeit und die Biodiversität, gehen verloren. Der reduzierte Einsatz von Maschinen, der die Bodenverdichtung verringert und die vermehrte Versickerung des Niederschlags zur Folge hat, sowie die Sortenvielfalt der einzelnen Baumwollkulturen, die sich auch in ihren Ansprüchen an Wasser und Boden unterscheiden, werden ebenfalls außer Acht gelassen.

Die Unterteilung in die Kategorien grün, blau und grau eröffnet einen neuen Blickwinkel auf die Wasserressourcen und ihre Verwendung. Kritische Stimmen, wie Schubert (2011, 26), stellen allerdings die Bewertung des grünen Water Footprints in Frage. Ein Großteil der landwirtschaftlichen Feldfrüchte wird mit Niederschlägen bewässert und hat nach der Water Footprint Berechnung einen hohen Wasserverbrauch. Eine Reduktion des grünen Water Footprints sei aus diesem Grund nicht gerechtfertigt, da durch die Bewässerung mit Niederschlägen keine Kosten anfallen und durch den Export der Güter für das jeweilige Land entsprechende Gewinne entstehen. Solange eine nachhaltige Wasserwirtschaft gewährleistet ist, sollte ein hoher, grüner Water Footprint nicht beachtet werden, da es dadurch zu einer sinnvollen Nutzung der Niederschläge kommt.

Ein weiterer Kritikpunkt betrifft die Addition der drei Kategorien blau, grün und grau. Diese Vorgehensweise impliziert die Gleichwertigkeit der Kategorien, welche jedoch – wie das Beispiel der grünen Wasserressourcen oder die Möglichkeit der Manipulation des Ergebnisses durch unterschiedliche Wasserqualitätsstandards beim „grauen" Anteil zeigen – nicht gegeben ist. Das tatsächliche Ergebnis lässt auch keine Schlüsse über die daraus entstehenden ökologischen Konsequenzen für Mensch und Natur zu, da es sich nur um einen errechneten Wert handelt (Finkbeiner und Berger, 2010, s.p.).

Die Beurteilung der Nachhaltigkeit des Water Footprints nach Hoekstra et al. (2011, 157) ist ebenfalls strittig. Demnach ist ein Water Footprint nachhaltig sofern er unter dem globalen Durchschnitt liegt. Allgemein versteht man unter nachhaltiger Entwicklung, dass die Nutzung von Ökosystemen ohne negative ertragsmindernde Veränderungen der Umwelt erfolgt und für zukünftige Generationen in gleicher Weise erhalten bleibt (Schaefer, 2003, 214). Die negative Beeinträchtigung kann aber auch bei einem niedrigeren Water Footprint durch hohe blaue und graue Anteile gegeben sein. Die Beurteilung der Nachhaltigkeit nach Hoekstra et al. (2011, 157) ist somit nicht im Sinne der allgemeinen Definition von Nachhaltigkeit.

Die Einbeziehung des *indirekten* Water Footprints, welche von Hoekstra et al. (2011, 13f) empfohlen wird, ist in der Praxis aufgrund der Komplexität der Erfassung aller wasserrelevanten Faktoren nicht realisierbar. Der *direkte* Water Footprint, der in dieser Fallstudie behandelt wird, beschränkt sich darum auf die verwendeten Wasserressourcen bei der Herstellung eines Gutes. Wie Kapitel 3.4 bereits erwähnt, erfolgt bei der Textilpflege durch das Waschen ein erheblicher Verbrauch an Wasser. Hinzu kommt die Verunreinigung von blauen Wasserressourcen durch Waschmittel und von den in den Textilien eingelagerten Chemikalien. Besonders letztere kontaminieren die heimischen Gewässer mit „importierten" Substanzen, die bei der Produktion in entwickelten Ländern verboten sind, in den ausgelagerten Produktionsstätten jedoch nicht. Die Ausklammerung dieser Vorgänge ist darum nicht unproblematisch.

Einer der größten Kritikpunkte an der Water Footprint Methode ist die *Schwierigkeit an realitätsnahe und qualitativ hochwertige Daten für die Berechnung* zu gelangen. Vor allem bei industriellen Arbeitsvorgängen sind die beziehbaren Daten oft unzureichend und man ist gezwungen, Kompromisse einzugehen. Darunter leidet die Qualität der Ergebnisse. Studien, bei denen Datenmaterial mit einer geringen Realitätsnähe überwiegt, können nicht als repräsentativ betrachtet werden und verlieren dadurch ihre Glaubwürdigkeit in der Öffentlichkeit und bei politischen Entscheidungsträgern. Für agrarische Produkte stellt die FAO zwar eine entsprechende Datenbank zur Verfügung, diese hat ihre Grenzen jedoch beim grauen Water Footprint erreicht. Die für diese Kategorie benötigten Eingangsdaten erfordern weitere zahlreiche Recherchen.

Die Verwendung des CROPWAT 8.0 Programms ist ebenfalls nicht unumstritten. Die Funktion CWR geht bei der Simulation des Baumwollbestandes von *optimalen* Bedingungen aus, die in der Realität nicht vorliegen. Der Water Footprint wird unter sehr optimistischen Annahmen berechnet. Da nicht immer von einer optimalen Wasserversorgung ausgegangen werden kann, kommt es zu einer Überschätzung des tatsächlichen Wasserverbrauchs.

Weiters ist die Methodik des grauen Water Footprints verbesserungswürdig. In Kapitel 6.2.3 wurde bereits erwähnt, dass für die Berechnung die natürlichen Konzentrationen der Gewässer und die vorherrschende Wasserqualitätsstandards benötigt werden. In der Praxis stößt man dabei auf Schwierigkeiten. Zunächst ist nicht eindeutig klar, welche Grenzwerte für die Wasserqualitätsstandards herangezogen werden sollen (engl. ambient water quality standards), da diese in der Literatur nicht eindeutig definiert werden. Die maximalen Konzentrationen von Schadstoffen sind in den jeweiligen Produktionsländern unterschiedlich angesetzt. Zusätzlich sind diese Daten schwer auffindbar, weswegen man bei Unklarheiten – wie in der Literatur vorgeschlagen – meistens auf die Grenzwerte für Trinkwasser der EPA zurückgreift. Hierbei bestehen erhebliche Unterschiede, beispielsweise unterscheidet sich die maximale zulässige Konzentration der EPA von etwa jener in Österreich. Laut der EPA (2012a) wird der Wert für Nitrat im Trinkwasser mit 10 mg/l angesetzt. Die österreichische Trinkwasserverordnung legt für Nitrat allerdings 50 mg/l fest (Haberl, 2009, s.p.). Es kann also zu einer erheblichen Beeinflussung des grauen Water Footprints kommen, je nachdem welcher Grenzwert herangezogen wird. Deswegen ist die Vergleichbarkeit der grauen Water Footprints in Frage zu stellen, was auch von Finkbeiner und Berger (2010) bestätigt wird. Bei gleichen Grenzwerten wäre die Vergleichbarkeit der grauen Water Footprints gegeben, da durch die aktuelle Lösung große Schwankungen auftreten können.

Neben den bereits aufgezählten Schwachstellen stellt sich die Frage nach der Finanzierung derartiger Studien. Eine direkte Erhebung der Daten vor Ort wäre aus wissenschaftlicher Sicht am empirienächsten, aufgrund mangelnder Zeit und finanzieller Ressourcen ist man auf Datenbanken angewiesen. Generell ist eine Offenlegung der Produktionsumstände für die Industrie nicht immer angenehm, weshalb auch die Bereitstellung von finanziellen Mitteln für derartige Berechnungen als gering eingeschätzt wird. Bei Studien, die von Unternehmen in Auftrag gegeben werden, ist zudem auch die Objektivität fraglich. Qualitativ gute Water Footprint Studien sind vermutlich nur von unabhängigen Instituten und Organisationen zu erwarten. Diesen Stellen fehlen aber meistens die finanziellen Mittel für die Durchführung.

10.2.3 Verbesserungsmöglichkeiten

Bezug auf die oftmalige Kritik am grünen Anteil des Water Footprints nimmt ein methodischer Vorschlag von Schubert (2011, 26f). Der Autor empfiehlt nur jenen Anteil des Wassers in den Water Footprints zu integrieren, der *nicht nachhaltig* ist. Darunter wird die nicht nachhaltige Entnahme und Kontaminierung von Wasser am Ort der Herstellung verstanden. Jener Anteil, der eine *nachhaltige* Produktion gewährleistet, dürfte demnach nicht in der Beurteilung aufscheinen. Grünes Wasser, das im Rahmen der Landwirtschaft verbraucht wird, gälte als nachhaltig und würde nicht in die Berechnung einbezogen werden. Finkbeiner und Berger (2010, s.p.) stellen auch die Relevanz des grünen Water Footprints in Frage, da es sich um die Verdunstung von Niederschlagswasser handelt. Ihrer Meinung nach sollte der Verbrauch von grünem Wasser in Beziehung zur natürlichen Evapotranspiration von nicht landwirtschaftlich genutzten Flächen gesetzt werden.

Verbesserungen bei der praktischen Durchführung ließen sich durch eine *breitere Datengrundlage* erzielen, auf die zurückgegriffen werden könnte. Die Datensätze der FAO sind nur bei der Berechnung des blauen und grünen Water Footprints von landwirtschaftlichen Produkten zu verwenden. Vor allem beim grauen Water Footprint wäre ein Datensatz mit entsprechenden Informationen über Erträge, Wasserqualitätsstandards, etc., hilfreich.

Momentan liegt der Fokus des Water Footprints vorwiegend auf agrarischen Produkten mit relativ wenigen industriellen Verarbeitungsschritten. Für eine Analyse der Water Footprints von höherwertig verarbeiteten Produkten wird zwecks Bereitstellung der Daten eine Zusammenarbeit mit der zuständigen Industrie erforderlich sein, wobei das Einverständnis der Industrie nicht immer leicht zu bekommen ist. Die Rolle der Politik, gesetzliche Rahmenbedingungen zu schaffen, damit Industrie und Wirtschaft sich mit der Thematik des Wasserverbrauchs zur Herstellung von Produkten auseinandersetzen, wäre an dieser Stelle gefragt. Dies könnte zu Verbesserungen bei der Datenverfügbarkeit und zu mehr Transparenz führen.

10.3 Beurteilung der Praxistauglichkeit des Water Footprints

Das folgende Kapitel beschäftigt sich mit dem Instrument „Water Footprint" und seiner Verwendbarkeit in der Praxis bzw. der Kommunikation der berechneten Ergebnisse. Entscheidend ist, ob ihre Veröffentlichung imstande wäre, einen Beitrag zu wasserfreundlicherem Verhalten in der Gesellschaft zu leisten. Es ist zu überlegen, ob die Methode bereits genügend ausgereift ist, um in einer wasserbezogenen Produktdiskussion plausibel argumentieren zu können.

Die anschließende Beurteilung erfolgt gemäß der im Rahmen eines deutschen Pilotprojekts zum Carbon Footprint entwickelten Prüffragen. Diese werden für die Beurteilung des Water Footprints adaptiert und sind der Studie des Bundesministeriums für Umwelt, Naturschutz und Reaktorsicherheit (2010, 42ff) zu entnehmen. Folgende Kriterien sind relevant:

1. *Handlungsrelevanz*: Durch den Informationsgehalt sollte es dem Verbraucher möglich sein, über seine Kaufentscheidungen einen Beitrag zur Verringerung des Wasserverbrauchs leisten zu können.
2. *Glaubwürdigkeit*: Entscheidend für die Akzeptanz ist eine glaubwürdige Kommunikation des Water Footprints.
3. *Einheitlichkeit*: Einheitliche Grundlagen sind notwendig, falls unterschiedliche Akteure auf das Instrument zugreifen wollen.
4. *Verständlichkeit*: Die Informationsinstrumente müssen auf die Bedürfnisse der jeweiligen Zielgruppen und ihr Nutzungsverhalten abgestimmt sein.
5. *Vergleichbarkeit*: Der Vergleich mit Alternativen gibt den Informationen einen Sinn.

Die Handlungsrelevanz des Water Footprints ist teilweise gegeben. Wasser ist das bedeutsamste Thema im Lebenszyklus von Baumwolltextilien, aber auch die Toxizität und der Energieverbrauch sind nicht unwesentlich. Neben den Auswirkungen auf die Umwelt sind vordergründig die sozialen Defizite in der Textilproduktion ein Thema, die durch die ständige Aufdeckung von Missständen in den Medien thematisiert werden. Handlungsbedarf besteht bei der Darstellung der spezifischen Informationen, da noch keine Kennzeichnung von Produkten erfolgt ist. In jedem Fall ist zu beachten, dass der Verbraucher anhand dieser Hinweise für ein wasserfreundliches Verhalten erhält. Die Darstellung sollte den Verbraucher zu einer „wasserfreundlichen" Einkaufsentscheidung animieren. Die anderen umweltrelevanten Ausweisungen sollten durch den Water Footprint nicht in den Hintergrund geraten.

Die Transparenz der Methodik, der Berechnungsprozess und die beteiligten Akteure ist ebenfalls zu optimieren, um die Glaubwürdigkeit des Water Footprints zu erhöhen.

Es existieren einige methodische Schwachstellen, die es zu korrigieren gilt. Speziell bei der Water Footprint Berechnung der Textilerzeugung kam es zu Unsicherheiten aufgrund der mangelhaften Datenqualität.

Ein bedeutender Kritikpunkt ist, dass die Vorgaben zu Ermittlung und Kommunikation des Water Footprints keine Angaben zur gesamten Umweltwirkung enthalten, sondern lediglich den Wasserverbrauch berücksichtigen.

Zum Kriterium der Einheitlichkeit wurden bereits in Kapitel 10.2.2 Kritikpunkte angeführt, die insbesondere den grauen Water Footprint betreffen. In Zukunft sollten für vergleichbare Produkte die gleichen methodischen Vorgaben gelten. In Bezug auf den grauen Water Footprint ist eine Vereinheitlichung der Wasserqualitätsstandards anzustreben und eine verbesserte Datengrundlage zu schaffen. Insgesamt können die Ergebnisse dennoch mit anderen Studien verglichen werden bzw. liegt eine genaue Dokumentation der Vorgehensweise vor.

Die Verständlichkeit des Water Footprints ist ohne vorherige Kenntnis der Bedeutung der unterschiedlichen Kategorien nicht gegeben. Um dieses außerhalb des wissenschaftlichen Milieus zu erlangen, bedarf es einer Erklärung der Wertigkeit der Kategorien. Da die genaue Kommunikation des Water Footprints noch nicht feststeht, sollte eine Form gewählt werden, die auf die Zielgruppen und Nutzungssituationen angepasst ist.

Ein Vergleich der Ergebnisse mit alternativen Indikatoren ist möglich, sofern es um landwirtschaftliche Produkte geht, die auf dieselbe Datengrundlage zurückgreifen. Auch an dieser Stelle zeigt sich der Verbesserungsbedarf des grauen

Water Footprints. Die Ergebnisse können generell in verschiedene Gebrauchsformen umgewandelt werden.

Insgesamt besteht nach der Analyse der Kriterien beim Instrument des Water Footprints noch Verbesserungsbedarf bzw. sollte im Laufe der Weiterentwicklung auf diese Kritikpunkte eingegangen werden. Da es sich um einen erst seit kurzer Zeit in Verwendung befindlichen Indikator handelt, ist verständlich, dass Defizite existieren. Aus heutiger Sicht ist die Praxistauglichkeit noch nicht gegeben. Zu viele Punkte bedürfen einer Klärung oder Verbesserung. Um Ergebnisse in der Praxis sinnvoll verwenden zu können, sind die bereits erwähnten fünf Punkte entscheidend, da auf längere Sicht der Nutzen für die Gesellschaft im Vordergrund steht, der im folgenden Kapitel genauer diskutiert wird.

10.4 Bedeutung für die Gesellschaft

In den kommenden Jahren gilt es die Problematik der knappen Süßwasservorkommen zu lösen, die sich mit zunehmendem Bevölkerungswachstum und unveränderten Ernährungsgewohnheiten weiter verschärfen. Nach der Entnahme aus einer entsprechenden Quelle ist dieses Wasser nicht mehr anderwärtig verfügbar. Das stellt ein Problem im agrarischen Sektor darstellt und beeinträchtigt die Ernährungssicherheit (Mekonnen und Hoekstra, 2011, 157f).

Ein Lösungsvorschlag zur Entschärfung der Süßwasserproblematik ist die Erschließung neuer Quellen. In dieser Debatte wird immer wieder die Entsalzung von Meerwasser als Lösung der Knappheit vorgeschlagen. Die Begrenztheit der Süßwasserressourcen kann aber aus mehreren Gründen nicht durch den Einsatz von Meerwasserentsalzungsanlagen gelöst werden. Auf diese Weise kann zwar Trinkwasser gewonnen werden, für die Entsalzung wird jedoch Energie benötigt, die ebenfalls nur begrenzt verfügbar ist. Die knappe Ressource Wasser würde also durch die ebenfalls knappe Ressource Energie ersetzt werden. Neben dem Argument der erforderlichen Energie sind auch die Kosten zu hoch, vor allem für landwirtschaftliche Bewässerungszwecke, die bekanntlich den Großteil der Wasserressourcen benötigen. Da Salzwasser nur an Küsten verfügbar ist, würde ein Transport ins Landesinnere noch zusätzliche finanzielle und energetische Ressourcen benötigen (Hoekstra et al., 2011, 160).

Die einzig sinnvolle Lösung ist der sorgsame Umgang mit den vorhandenen Wasserressourcen. Einsparungen im Wasserverbrauch sind die logische Konsequenz, wobei diese vor allem bei der Herstellung von Konsumgütern forciert werden sollten. Diesem Zweck dient der Water Footprint, der einen hohen Wasserverbrauch aufzeigen kann. Die Adressaten für die Umsetzung der Ergebnisse sind Verbraucher, Unternehmen und Regierungen. Jede Zielgruppe hat einen Beitrag zur Reduktion des Wasserverbrauchs leisten.

Aktuell ist eine umweltfreundliche und faire Herstellung von Textilien der Einzelfall. Da keine gesetzlichen Verpflichtungen existieren, obliegen die Produktionsumstände den Unternehmen, die aus Profitgier die Ressourcen anderer Länder ausbeuten. Sanktionen für die Verschmutzung der Wasserressourcen und der Umwelt, sowie die Verletzung von Menschenrechten in der Textilproduktion haben Unternehmen kaum zu befürchten. Gesetzliche Rahmenbedingungen, die den Verkauf derartiger Mode verbieten, sind nicht vorhanden, obwohl diese sogar Gesundheits- und Umweltschäden im eigenen Land verursachen. Das Gegenteil ist der Fall, denn Unternehmen, die sich zu einer umweltfreundlichen und fairen Herstellung verpflichten, müssen mit den durch die Ausbeutung ermöglichten Dumpingpreisen konkurrieren.

Eine langfristige Lösung zur Verbesserung der Produktionsmissstände ist eine Kostenwahrheit und die Einführung gesetzlicher Regelungen. Das von der UNO beschlossene „Menschenrecht auf Wasser" sollte in Zukunft von den politischen Entscheidungsträgern beachtet werden (Katzmann, 2007, 83). Strenge Anforderungen bei der Herstellung können von der EU festgelegt werden, wie es die Kosmetikverordnung in Zukunft vorschreiben wird. Demnach dürfen nur Kosmetika in den Handel gelangen, die festgelegten Kriterien entsprechen (Hütthaller, 2012). Derartige Verordnungen sollten in der Textilbranche eingeführt werden, wobei ein Kriterium ein nachhaltiges Wassermanagement bei der Herstellung sein könnte. Die Industrie ist angehalten ihr Angebot auf wasserfreundliche Produkte zu erweitern. Neben der Wahl von geeigneten Standorten steht die Reduzierung des Wasserverbrauchs und des Chemikalieneinsatzes bei den Produktionsvorgängen. Bis heute setzen sich Unternehmen nur vereinzelt für die Einsparung von Wasser ein. Diese dient dann hauptsächlich der Imageverbesserung. Das Unternehmen H&M setzt sich laut Homepage für die Optimierung von industriellen Produktionsprozessen ein, die zu einer Reduktion des Wasserverbrauchs führen sollen (H&M, s.a.).

Tatsache ist, dass die Verantwortung für die ökosozialen Folgen von den Produzenten übernommen werden müsste, was auch mit Hilfe von Ecodesign bei Produkten unterstützt werden könnte. Neue Produkte sollten mit weniger Materialaufwand hergestellt und das Denken in Kreisläufen stärker beachtet werden als bisher (Koskela und Vinnari, 2009, 125).

Bis es zu einer dauerhaften Lösung durch die politischen Entscheidungsträger kommt, ist die Einbindung der Konsumenten entscheidend. Eine Möglichkeit wäre eine Besteuerung von nicht wasserfreundlichen Produkten. Die

Verbraucher könnten auf diese Weise zu weniger wasserintensiv produzierten Gütern „gesteuert" werden. Dies obliegt wieder der Verantwortung der politischen Entscheidungsträger, die Konsumenten zu „von oben" bewirkten Veränderungen der Konsumgewohnheiten zu erziehen.

Beim Ausbleiben gesetzlicher Vorschriften bleibt nur die Aufklärung der Konsumenten als Maßnahme. Diese können durch bewusste Kaufentscheidungen das Angebot beeinflussen, indem sie bestimmte Waren ablehnen. Um sie auf die Problematik aufmerksam zu machen, muss aber zuerst der Zusammenhang zwischen dem eigenen Lebensstil und der Wassernutzung in anderen Regionen der Erde begriffen werden (Kirschbaum, 2011, s.p.). Der sanktionslose Konsum bestimmter Waren führt an anderen Orten der Welt zu Wasserstress, der die bereits bestehenden Konflikte um Wasserressourcen noch verschärft (Engelhardt, 2012, 160).

Den Ergebnissen dieser Studie zu Folge hat der *Produktionsstandort* den größten Einfluss auf den Wasserverbrauch. Diese Tatsache ist den Konsumenten bei der Kaufentscheidung oft nicht bewusst. Sie eröffnet eine Möglichkeit und Chance, nicht nur über die ökologischen und sozialen Verhältnisse bei der Produktion abzustimmen, sondern auch über den Wasserverbrauch. Durch die Auswahl von Waren, die nicht in Ländern mit Wasserknappheit produziert wurden, liegt eine enorme ethische Verantwortung in der Hand der Konsumenten.

Hoekstra et al. (2011, 161) empfiehlt die Einführung eines „Wasser Labels" zur Kennzeichnung von Produkten, die für ihre Herstellung große Mengen an Wasser verbrauchen. Zusätzlich zur generellen Kennzeichnung mit dem Water Footprint sollte in die drei Komponenten blau, grün und grau aufgeschlüsselt werden, um bei der Einkaufsentscheidung eine „intelligente" Unterstützung zu bieten. Der gesamte Water Footprint alleine würde lediglich das Bewusstsein der Konsumenten schärfen, Detailinformationen blieben verschwiegen. Ein Beispiel für ein derartiges Label ist das 2006 von der EPA entwickelte „WaterSense Label", welches Produkte mit einem besonders effizienten Wasserverbrauch auszeichnet. Dieses Zertifikat existiert ausschließlich in den USA und zeichnet hauptsächlich sanitäre Anlagen aus (EPA, 2012b).

Kirschbaum (2011, s.p.) sieht die aktuelle Lösung für einen *wasserfreundlichen* Konsum ebenfalls in der Produktkennzeichnung. Ein einzelnes Label für den Wasserverbrauch wäre jedoch nicht sinnvoll, da es die Anzahl der bereits bestehenden sozialen Labels und Ökosiegel vermehren würde und die Übersicht für den umweltbewussten Konsumenten zunehmend erschwert wird. Nicht nur die Verunsicherung der Verbraucher spricht dagegen, sondern auch eine daraus resultierende Entwertung der Zertifizierungen. Aus diesem Grund wäre eine Bewertung des Wasserverbrauchs im Rahmen von übergreifenden

Zertifizierungssystemen besser geeignet. Hier wird die Kennzeichnung von Positivbeispielen propagiert. Diese wäre einfacher durchsetzbar, da sie keiner gesetzlichen Änderungen bedarf. Die Industrie würde dabei aber wieder nicht zur Rechenschaft gezogen, wenn keine umweltschonenden Verfahren in der Produktion eingesetzt werden.

Als positives Beispiel für Produktkennzeichnungen mit differenzierteren Informationen ist die von der Hofer KG (2012) eingeführte Produktlinie „Zurück zum Ursprung" anzusehen. Diese existiert seit mehreren Jahren und wurde mit dem österreichischen Klimaschutzpreis ausgezeichnet. Biologische Produkte, die weniger Wasser und CO_2 bei der Herstellung benötigen als herkömmliche Produkte, werden mit *quantitativen* Einsparungsinformationen gekennzeichnet. Nähere Informationen finden interessierte Kunden auf der Homepage.

Ein Beispiel für eine Produktkennzeichnung ist das britische Unternehmen Rapanui. Dieses stellt ökologische und fair produzierte Kleidung her. Um den Konsumenten mehr Einblick in die Produktionsumstände zu gewähren, wurde ein unabhängiges Institut mit der Zertifizierung der Textilien beauftragt. Die Vorlage ist das EU-Energietypenschild, das nach folgenden Kategorien eingeteilt wird:

A – ökologisch und sozial nachhaltig
B – sozial und teilweise ökologisch
C – sozial
D – nicht gut, nicht schlecht
E – verbesserungswürdig
F – teilweise sozial oder ökologisch oder nachhaltig
G – nicht biologisch, sozial und nachhaltig.

Die genauen Kriterien werden demnächst dem EU Parlament zur Begutachtung vorgelegt (Rapanui, 2012). Die Integration des Wasserverbrauchs bei der Produktion würde sich zwar anbieten, da diese Zertifizierung aufgrund ihrer Einfachheit und Verständlichkeit bereits von den Konsumenten für andere Produkte akzeptiert wurde, allerdings sind die Kriterien sehr allgemein gehalten und die Einstufung ist nicht eindeutig nachvollziehbar.

Um auf die Problematik der Wasserressourcen aufmerksam zu machen ist der Water Footprint ein geeignetes Instrument, obwohl es in Zukunft noch Verbesserungen bedarf. Von einer alleinigen Kennzeichnung des Wasserverbrauchs von Produkten ist eher abzuraten, stattdessen könnte eine Ausweisung im Rahmen mehrerer Kriterien vorgenommen werden. Generell sollten Zertifizierungen als Übergangslösungen betrachtet werden bis gesetzliche Vorschriften die Missstände in der Textilindustrie regeln.

11. Zusammenfassung und Ausblick

Die Knappheit der Wasserressourcen ist eines unserer dringlichsten Probleme. Der Mensch benötigt täglich das Lebensmittel Wasser zum Trinken, Kochen und Waschen. Die Herstellung von Konsumgütern verbraucht allerdings weit höhere Mengen als die Deckung dieser Grundbedürfnisse. Vor allem die Herstellung von Textilien aus Baumwolle bedarf eines hohen Einsatzes von Wasserressourcen.

Der Water Footprint ist ein Instrument, das eine neue Sichtweise auf die Herstellung von Produkten ermöglicht. Kategorisiert wird in drei Kategorien: blaues, grünes und graues Wasser. Er kann für die Analyse unterschiedlicher Produkte herangezogen werden, u.a. für die Feststellung des Wasserverbrauchs im Textilsektor. Die textile Herstellungskette ist in der Regel auf mehrere Länder aufgeteilt und umfasst eine Vielzahl an Produktionsschritten. In der konventionellen Produktion kommt es beim Baumwollanbau und den weiteren Arbeitsvorgängen zu einem immensen Einsatz von Wasser und Chemikalien. Dies schädigt massiv die Umwelt- und Wasserressourcen der Herstellungsländer, die in der Regel zu den Entwicklungs- oder Schwellenländern zählen. Um diese Umstände offenzulegen dient in der vorliegenden Arbeit ein zertifiziertes T-Shirt aus der Ökobranche zur Berechnung des Water Footprints, der Demonstration der wichtigsten Einflussfaktoren und der Beurteilung der Nachhaltigkeit aus Sicht der Wasserressourcen.

Den schwerwiegendsten Einfluss auf den Water Footprint hat der Standort des Baumwollanbaus. Dabei werden die meisten Wasserressourcen benötigt. Der grüne Anteil, der sich auf die Niederschläge bezieht, ist eher als positiv anzusehen, während der Verbrauch von blauem und die Entstehung von grauem Wasser negativ einzustufen ist.

Am Beispiel dieser Fallstudie wird deutlich, dass die Nachhaltigkeit eines Water Footprints schwierig zu beurteilen ist. Eine wesentliche Verringerung des Water Footprints ist durch die Wahl eines geeigneten Standorts zu erwirken. Methodischer Nachholbedarf besteht bei der Gewinnung von realitätsnahem und aussagekräftigem Datenmaterial.

Der Einsatz dieser Methode in der Praxis ist noch nicht gelöst. Neben verschiedenen Möglichkeiten bei der Kennzeichnung von Textilien sollte der Water Footprint für die Problematik des Wasserverbrauchs sensibilisieren. Es gilt nicht nur Verbraucher zu einem wasserfreundlichen Konsum zu bewegen, sondern auch die Industrie zu einem umweltfreundlicheren Produktionsverhalten zu verpflichten. Dies wird nur durch die Schaffung von rechtlichen Rahmenbedingungen durch die politischen Entscheidungsträger umgesetzt werden können.

In den kommenden Jahren wird der Wasserverbrauch bei der Herstellung von Produkten aufgrund der zunehmenden Verschlechterung der globalen Süßwasserressourcen weiter an Bedeutung gewinnen. In zukünftigen Forschungen ist einerseits die genaue Kennzeichnung von wasserfreundlichen Produkten abzuklären, andererseits eine präzise Definition eines nachhaltigen Water Footprints zu finden.

Bald sollten die Fragestellungen geklärt werden, welche Standorte für den Anbau von Baumwolle geeignet sind und welche Zusammensetzung der Water Footprint Kategorien als nachhaltig gilt. Alternative Textilfasern, wie Textilien aus Hanf, könnten nicht nur hinsichtlich des Wasserverbrauchs an unterschiedlichen Standorten, sondern auch beim Verbraucher als Substitut der Baumwolle untersucht werden.

Abkürzungsverzeichnis

AGW	Arbeitsplatzgrenzwert
AR	Auftragungsrate
ARS	Abwasserrelevanzstufen
BSB	Biochemischer Sauerstoffbedarf
CCC	Clean Clothes Campaign
CSB	Chemischer Sauerstoffbedarf
CWR	Crop Water Requirement
CWU	Crop Water Use
EPA	Environmental Protection Agency
ET	Evapotranspiration
ET_0	monatliche Evapotranspirationsrate
EZA	Entwicklungszusammenarbeit
FAO	Food and Agricultural Organisation
FWF	Fair Wear Foundation
GDG	Göttin des Glücks
GOTS	Global Organic Textile Standard
GUS	Gemeinschaft unabhängiger Staaten
IFOAM	International Federation of Organic Agriculture Movements
ILO	International Labour Organisation
IPCC	Intergovernmental Panel on Climate Change
IVN	Internationaler Verband der Naturtextilien
kbA	kontrolliert biologischer Anbau
kbT	kontrolliert biologische Tierhaltung
MAK	Maximale Arbeitsplatzkonzentration
NMMO	N-Methylmorpholinoxid
NPE	Nonylphenolethoxylate
PCR	Post Consumer Recycling
PES	Polyester
PET	Polyethylenterephtalat
PVC	Polyvinyl Chloride
SKRS	Standard-Kleiderbügel-Rückführsystem
THC	Tetrahydrocannabinol
THG	Treibhausgase
TSS	Gesamter Trockensubstanzgehalt
WF	Water Footprint

Abbildungsverzeichnis

Tabellenverzeichnis

Formelverzeichnis

Literaturverzeichnis

Abel G., Gross L., Hübner J., Joachim M., Knothe B., Mackenrodt L., Moosmann S., Weber-Moritz M. (2012): Label Online – Die Verbraucher Initiative. Pure Wear. [Online] Verfügbar in: http://www.label-online.de/label-datenbank?label=330 [Abfrage am 6.2.2012].

Alkena (2012): Organic Silk. [Online] Verfügbar in: http://www.alkena.ch/ALKENA_/Organic_silk_/organic_silk_.html [Abfrage am 24.10.2012].

Allan J. (2003): Virtual Water – the Water, Food and Trade Nexus: Useful Concept or Misleading Metaphor?. Water International, Volume 28, Number 1, London.

Allen R., Pereira L., Raes D. and Smith M. (1998): Crop evapotranspiration: Guidelines for computing crop water requirements. FAO Irrigation and Drainage Paper 56, FAO, Rome.

Allwood J., Laursen S., Rodriguez C., Bocken N. (2006): Well dressed? The present and future sustainability of clothing and textiles in the UK. University of Cambridge, Institute for Manufacturing, Cambridge, UK.

Aschoff H. (2007): Bis zum letzten Tropfen: Wasser – das Investment der Zukunft. Finanzbuch Verlag, München.

Binger D. (1994): Das Echo vom Kleiderberg. Deutscher Fachverlag, Frankfurt am Main.

Bluesign Technologies (2010): Bluesign Criteria for Textil Manufacturers. Bluesign Technologie AG, St. Gallen.

Bundesinstitut für Risikobewertung (2006): Allergien durch verbrauchernahe Produkte und Lebensmittel. [Online] Verfügbar in: http://www.bfr.bund.de/cm/343/allergien_durch_verbrauchernahe_produkte_und_lebensmittel.pdf [Abfrage am 10.2.2012].

Bundesministerium für Umwelt, Naturschutz und Reaktorsicherheit (2010): Produktbezogene Klimaschutzstrategien – Product Carbon Footprint verstehen und nutzen. Silber Druck, Niestetal.

Bundesministerium für Verkehr, Innovation und Technologie (2002): Faser und Färbepflanzen aus ökologischem Anbau. [Online] Verfügbar in: http://www.nachhaltigwirtschaften.at/publikationen/forschungsforum/021/teil2.de.html [Abfrage am 23.10.2012].

Centrale für Coorganisation (2000): Rationalisierungsempfehlungen für den effizienten Einsatz von Kleiderbügeln in der Bekleidungswirtschaft. Centrale für Coorganisation, Köln.

Chapagain A., Hoekstra A., Savenije H. und Gautam R. (2006): The water footprint of cotton consumption: An assessment of the impact of worldwide consumption of cotton products on the water resources in the cotton producing countries. Ecological Economics, Volume 6, 186–203, Delft, Netherlands.

Cherrett N., Barrett J., Clemett A., Chadwick M., Chadwick M.J. (2005): Ecological Footprint and Water Analysis of Cotton, Hemp and Polyester. Stockholm Environment Institute, Stockholm.

Derntl D. (2011): Das Geschäft mit den Altkleidern. [Online] Verfügbar in: http://fm4.orf.at/stories/1676227/ [Abfrage am 30.10.2012].

Dourte D. und Fraisse C. (2012): What is a Water Footprint? An Overview and Applications in Agriculture. IFAS Extension, University of Florida, Florida.

Engelhardt A. (2012): Schwarzbuch Baumwolle. Was wir wirklich auf der Haut tragen. Deuticke Verlag, Wien.

EPA (2012a): Drinking Water Contaminants. [Online] Verfügbar in: http://water.epa.gov/drink/contaminants/index.cfm [Abfrage am 10.8.2012].

EPA (2012b): WaterSense. [Online] Verfügbar in: http://www.epa.gov/watersense/ [Abfrage am 1.12.2012].

European Comission (2007): Carbon Footprint – What it is and how to measure it. European Platform on Life Cycle Assessment. Institute for Environment and Sustainability, Italy, Ispra.

European Comission Environment (2012): Industry and Technology – EU Ecolabel. [Online] Verfügbar in: http://ec.europa.eu/environment/ecolabel/ [Abfrage am 6.2.2012].

EZA (2007): Partnerbeschreibung. Craft Aid Mauritius. EZA fairer Handel, Köstendorf.

EZA (2009): Mode mit Mehrwert – Nachricht aus Mauritius. In: Natürlich fair. Neues aus der Welt des fairen Handels. EZA, 1/09, Köstendorf.

EZA (2012): Fair Fashion – Baumwolle. [Online] Verfügbar in: http://www.eza.cc/start.asp?ID=250016&b=5112 [Abfrage am 22.10.2012].

Falkenmark M. und Lindh G. (1974): How can we cope with the water resources situation by the year 2015? Springer, Ambio Volume 3, 114–122, Royal Swedish Academy of Science, Sweden.

FAO (s.a.): Example of the use of CROPWAT 8.0. FAO, Rome.

FAO (2005a): Fertilizer use by crop in India. Land and Plant Nutrition Management Service; Land and Water Development Division, Rome.

FAO (2005b): Aquastat Mauritius [Online] Verfügbar in: http://www.fao.org/nr/water/aquastat/irrigationmap/ind/index.stm [Abfrage am 14.9.2012].

FAO (2010): Aquastat Indien. [Online] Verfügbar in: http://www.fao.org/nr/water/aquastat/countries_regions/india/index.stm [Abfrage am 10.5.2012].

FAO (2012a): CLIMWAT 2.0 for CROPWAT. Rome [Online] Verfügbar in: http://www.fao.org/nr/water/infores_databases_climwat.html [Abfrage am 12.4.2012].

FAO (2012b): CROPWAT 8.0 model. Rome. [Online] Verfügbar in: www.fao.org/nr/water/infores_databases_cropwat .html [Abfrage am 15.4. 2012].

FAO (2012c): Global Map of Irrigation Areas [Online] Verfügbar in: http://www.fao.org/nr/water/aquastat/irrigationmap/ind/index.stm [Abfrage am 10.5.2012].

Fassold E., Häusler G., Hohenblum P. und Scharf S. (1999): Azofarbstoffe in Leder und Textilien. Umweltbundesamt, Wien.

Finck A. (1991): Düngung. Ulmer Verlag, Stuttgart.

Finkbeiner M. und Berger M. (2010): Das Konzept Water Footprint – Stand der Entwicklung und Fachdiskussion eines neuen Umweltindikators. Technische Universität, Berlin.

Gawel E. (2012): Ist Wassersparen wirklich Unsinn? [Online] Verfügbar in: http://www.zeit.de/wirtschaft/2012-04/wassersparen-verbrauch-replik [Abfrage am 16.11.2012].

GOTS (2008): Global Organic Textile Standard Version 2.0. [Online] Verfügbar in: http://www.siebenblau.de/WebRoot/Store7/Shops/61896147/MediaGallery/GOTS-version2-deutsch16Sept08.pdf [Abfrage am 24.10.2012].

GOTS (2012): Global Organic Textil Standard – Ecology and Social Responsibility. [Online] Verfügbar in: http://www.global-standard.org/ [Abfrage am 1.2.2012].

Göttin des Glücks (2011): Bericht zur Gemeinwohlbilanz. Gemeinwohl Ökonomie, Wien.

Grohmann A.N., Jekel M., Grohmann A., Szewzyk R., Szewzyk U. (2011): Wasser – Chemie, Mikrobiologie und nachhaltige Nutzung. Hubert & Co, Göttingen.

Grundmeier A. (1996): Evas neue Kleider – Damenoberbekleidung: ökologisch kompatibel. Peter Lang; Europäischer Verlag der Wissenschaften, Frankfurt am Main.

H&M (s.a.): H&M and Water. [Online] Verfügbar in: http://about.hm.com/content/hm/AboutSection/en/About/Sustainability/Commitments/Use-Resources-Responsibly/Water.html [Abfrage am 1.12.2012].

Haberl R. (2009): Vorlesungsskript zu Abwasser- und Abfallwirtschaft. Teil Abwasser. Institut für Siedlungswasserbau, Industriewasserwirtschaft und Gewässerschutz, Universität für Bodenkultur, Wien.

Hahn H. (2006): Wasserverbrauch in Haushalten und Landwirtschaft sowie Möglichkeiten zur Wassereinsparung. In: Warnsignal Klimawandel: Wird Wasser knapper? Beiträge der Akademie für Natur- und Umweltschutz, Band 42, Wissenschaftliche Verlagsgesellschaft, Stuttgart.

Hahn M. und Herrmann F. (2009): Fair einkaufen – aber wie? Der Ratgeber für Fairen Handel, für Mode, Geld, Reisen und Genuss. Brandes und Apsel Verlag, Frankfurt am Main.

Hempage (s.a.): Hanf Info. Dressed by Nature. [Online] Verfügbar in: http://www.hempage.de/downloads/hanfinfo5_150_de_lowres.pdf [Abfrage am 7.11.2012].

Hingst W. und Mackwitz H. (1996): Reizwäsche – Unsere Kleidung: Mode, Gifte, Öko- Look. Campus Verlag, Frankfurt am Main.

Hoekstra A. und Chapagain A. (2007): Water footprints of nations: Water use by people as a function of their consumption pattern. Water Resources Management 21 (1), 35–48.

Hoekstra A. und Chapagain A. (2008): Globalization of Water – Sharing the Planet's Freshwater Resources. Blackwell Publishing, USA; UK; Australia.

Hoekstra A., Chapagain A., Aldaya M., Mekonnen M. (2011): The Water Footprint Assessment Manual – Setting the Global Standard. Earthscan, London; Washington DC.

Hoekstra A. und Hung P. (2002): Virtual Water Trade: A quantification of virtual water flows between nations in relation to international crop trade. Value of Water Research Report, Number 11, Delft, Netherlands.

Hofer KG (2012): Zurück zum Ursprung. Gesamte Seite. [Online] Verfügbar in: http://www.zurueckzumursprung.at/ [Abfrage am 19.11.2012].

Hütthaller R. (2012): Countdown für die Kosmetikindustrie. [Online] Verfügbar in: http://derstandard.at/1353208853799/Countdown-fuer-die-Kosmetikindustrie [Abfrage am 16.12.2012].

IVN – International Association of Natural Textile Industry (2012): Naturtextil IVN certified BEST. [Online] Verfügbar in: http://www.naturtextil.com/retailers/quality-seals/best.html [Abfrage am 6.2.2012].

Katzmann K. (2007): Schwarzbuch Wasser. Molden Verlag, Wien.

Kirschbaum B. (2011): Virtuelles Wasser und Wasserfußabdruck – ein Ansatz für ein verbessertes Wassermanagement? Umweltbundesamt, Berlin.

Kistamah N. (2012): Schriftliche Mitteilung vom 13. Juni 2012. Department of Textile Technology, University of Mauritius, Mauritius.

Knieli M., Brugger H., Husnik A., Tangl E., Wittner G. (s.a.): Handbuch Ecofashion – Mode mit Zukunft. Bundesministerium für Verkehr, Innovation und Technologie, Wien.

Knut H., Gebauer M., Hinrichs H., Mielke M. (2011): Daten- und Informationsqualität. Vieweg und Teubner Verlag, Wiesbaden.

Koskela M. und Vinnari M. (2009): Future of the consumer society. Finland Futures Research Centre, Tampere, Finland.

Kürschner F. (2007): Das Wasser-Buch: Kultur, Religion, Gesellschaft, Wirtschaft. Lembeck Verlag, Frankfurt am Main.

Landjugendverlag GmbH (2012): Lamu Lamu Ecofair Wear – die Textilproduktionskette. [Online] Verfügbar in: http://www.landjugendverlag.de/index.php?id=24 [Abfrage am 6.2.2012].

Lebensministerium (2012a): Trinkwasser und Wasserverbrauch. [Online] Verfügbar in: http://www.lebensministerium.at/wasser/nutzung-wasser/Trinkwasser.html [Abfrage am 19.11.2012].

Lebensministerium (2012b): Wasserversorgung und -verwendung in Österreich. [Online] Verfügbar in: http://www.lebensministerium.at/wasser/nutzung-wasser/versorgung.html [Abfrage am 19.11.2012].

Lehmköster J., Schäfer K., Söding E., Zeller M. (2010): World Ocean Review. Endstation Ozean – Von der Verschmutzung der Meere. Maribus GmbH, Hamburg.

Lindenthal T. (s.a.): Kurzstellungnahme zur Aussagekraft des „grauen Wassers". FiBL Österreich, Universität für Bodenkultur, Wien.

Matzke G. (2011): Virtuelles Wasser – weniger Wasser im Einkaufskorb. Vereinigung Deutscher Gewässerschutz e.V., Bonn.

Mekonnen M. und Hoekstra A. (2011): The green, blue and grey water footprint of crops and derived crop products. Hydrology and Earth System Sciences, Vol. 15, 1577–1600, University of Twente, Netherlands.

Ministerium für Umwelt und Verkehr Baden-Württemberg (2004): Integrierte Produktpolitik am Beispiel der textilen Kette. Ministerium für Umwelt und Verkehr Baden Württemberg; Stuttgart.

Muhr L. (2012): Eine Göttin auf den Spuren ihrer textilen Kette – Reisebericht. [Online] Verfügbar in: http://www.goettindesgluecks.com/produktion [Abfrage am 8.8.2012].

Neunteufel R., Richard L., Perfler R. (2012): Wasserverbrauch und Wasserbedarf. Bundesministerium für Land- und Forstwirtschaft, Umwelt und Wasserwirtschaft, Universität für Bodenkultur, Wien.

Novotex (2012): Gesamte Seite. [Online] Verfügbar in: http://www.novotex.dk/default.html [Abfrage am 6.2.2012].

Oeko-Tex International (2012): Der Oeko-Tex Standard 100 plus. [Online] Verfügbar in: http://www.oeko-tex1000.com/de/main/index.asp?IDMain=10&IDSub=87&sid= [Abfrage am 6.2.2012].

Oki T. und Kanae S. (2004): Virtual water trade and world water resources. Water science and technology , Volume 49, Number 7, Delft, Netherlands.

Paulitisch K., Baedeker C., Burdick B. (2004): Am Beispiel Baumwolle: Flächennutzungskonkurrenz durch exportorientierte Landwirtschaft. Wuppertal: Wuppertal Institut für Klima, Umwelt Energie GmbH; Wissenschaftszentrum Nordrhein-Westfalen: Institut für Arbeit und Technik, Wuppertal.

Piegsa E. (2010): Green Fashion – ökologische Nachhaltigkeit in der Bekleidungsindustrie. Diplomica Verlag, Hamburg.

Proto M., Supino S., Malandrino O. (2000): Cotton: a flow cycle to exploid. Industrial Crops and Products. Vol. 11, 173–178.

Rapanui (2012): Eco Labelling Clothing. [Online] Verfügbar in: http://www.rapanuiclothing.com/ethical-fashion/eco-labelling-clothing.html [Abfrage am 21.11.2012].

Reller A. und Holdinghausen H. (2011): Wir konsumieren uns zu Tode – Warum wir unseren Lebensstil ändern müssen, wenn wir überleben wollen. Westend Verlag, Frankfurt am Main.

Ren X. (2000): Development of environmental performance indicators for textile process and product. Journal of Cleaner Production, Volume 8, 473–481.

Rosenkranz B. und Castello E. (1993): Textilien im Umwelttest. Rowohlt Taschenbuchverlag, Hamburg.

Rosenkranz B. und Schmidt E. (1999): In Hülle und Fülle – Kleidung: Ökologie, Ökonomie und Gesundheit. Stiftung Verbraucherinstitut, Berlin.

Santen M. (2012): Schmutzige Wäsche. Gefährliche Chemie aus der Waschtrommel. Greenpeace International, Amsterdam.

Schaefer M. (2003): Wörterbuch der Ökologie. Spektrum Akademischer Verlag, 4. Auflage. Heidelberg, Berlin.

Schmidt F. (2004): Der ökologische Rucksack – Wirtschaft für eine Zukunft mit Zukunft. Hirzel Verlag, Stuttgart; Leipzig.

Schubert H. (2011): The Virtual Water and the Water Footprint Concepts. Karlsruher Institut für Technologie KIT, Institut für Bio- und Lebensmitteltechnik, Karlsruhe.

Seuring S. (2004): Integrated chain management and supply chain management: comperative analysis and illustrative cases. Journal of Cleaner Production, Volume 12, 1059–1071, Oldenburg.

Smith M. (1993): CLIMWAT for CROPWAT. FAO, Rome.

Social Accountability International (2008): Social Accountability 8000. SAI, USA, New York.

Stocker T. (2010): Schwindel um Bambus. [Online] Verfügbar in: http://www.beobachter.ch/natur/natuerlich-leben/wohnen-freizeit/artikel/textilien_schwindel-um-bambus/ [Abfrage am 27.11.2012].

Umweltbundesamt der Bundesrepublik Deutschland (2011): Nachhaltige Produktion. Textilindustrie. [Online] Verfügbar in: http://www.umweltbundesamt.de/nachhaltige-produktion-anlagensicherheit/nachhaltige-produktion/textilindustrie.htm [Abfrage am 29.10.2012].

VCI – Verband der chemischen Industrie e.V. und Tegewa (2007): Informationsserie Textilchemie. Fonds der Chemischen Industrie, Frankfurt, 1. Auflage.

Verbraucherinitative e.V. (2007): Themenheft Textilien. Berlin.

Visvanathan C., Kumar S., Priambodo A., Vigneswaran S. (2007): Energy and environmental indicators in the thai textile industry. Asian Insitute of Technology, School of Environment, Resources and Development; Faculty of

Engineering, Environmental Engineering Group, University of Technology, Thailand; Australia.

Wackernagel M. und Beyers B. (2010): Der Ecological Footprint – die Welt neu vermessen. Europäische Verlagsanstalt, Laufenburg, Schweiz.

Water Footprint Network (2012): Product Water Footprints: Cotton. [Online] Verfügbar in: http://www.waterfootprint.org/?page=files/productgallery [Abfrage am 8.10.2012].

Weber C. und Parusel D. (1998): Zum Beispiel Baumwolle. Lamu-Verlag, Göttingen.

Werner H. (2011): „A Sackerl dazu?". [Online] Verfügbar in: http://www.global2000.at/site/de/wissen/chemiekalien/plasticksackerl/ [Abfrage am 30.10.2012].

Werner K. und Weiss H. (2003): Das neue Schwarzbuch Markenfirmen. Die Machenschaften der Weltkonzerne. Deuticke Verlagsgesellschaft, Korneuburg.

Wiedmann T. und Minx J. (2007): A Definition of Carbon Footprint. ISA Reserach and Consulting, UK.

Wittberg V. (2006): CSR-Fallstudie: Ethik und Ökologie von der Faser bis zum Kleid. FHM-Institut für den Mittelstand, Lippe.

WWF (2001): Freshwater and Cotton – Field Case Studies. Assessment of selected cotton project in India, Pakistan and Turkey. Infras, Zurich.

www.ingramcontent.com/pod-product-compliance
Ingram Content Group UK Ltd.
Pitfield, Milton Keynes, MK11 3LW, UK
UKHW021902290926
8980IPUK00015B/1004

9 783631 660096